机械制造工艺及其自动化发展探究

李　宁　王志伟　孟　晶◎著

吉林科学技术出版社

图书在版编目（CIP）数据

机械制造工艺及其自动化发展探究 / 李宁，王志伟，
孟晶著. -- 长春：吉林科学技术出版社，2024. 8.
ISBN 978-7-5744-1809-7

Ⅰ. TH16

中国国家版本馆 CIP 数据核字第 2024LA2442 号

机械制造工艺及其自动化发展探究

著	李　宁　王志伟　孟　晶	
出 版 人	宛　霞	
责任编辑	赵海娇	
封面设计	金熙腾达	
制　版	金熙腾达	
幅面尺寸	170mm×240mm	
开　本	16	
字　数	240 千字	
印　张	14.75	
印　数	1~1500 册	
版　次	2024年8月第1版	
印　次	2024年12月第1次印刷	

出　　版	吉林科学技术出版社
发　　行	吉林科学技术出版社
地　　址	长春市福祉大路5788 号出版大厦A 座
邮　　编	130118
发行部电话/传真	0431-81629529 81629530 81629531
	81629532 81629533 81629534
储运部电话	0431-86059116
编辑部电话	0431-81629510
印　　刷	三河市嵩川印刷有限公司

书　　号	ISBN 978-7-5744-1809-7
定　　价	88.00元

前　言

在当今世界，机械制造业作为国民经济的重要支柱，其发展水平直接关系到国家的工业实力和经济竞争力。随着科技的不断进步，机械制造工艺及其自动化技术已成为推动制造业转型升级的关键因素。本书旨在深入探讨机械制造领域的先进工艺与自动化技术，分析其发展趋势和应用前景，为机械制造业的可持续发展提供理论支持和实践指导。

本书从机械制造技术与切削原理的基础入手，系统阐述了机械制造技术的基本概念和金属切削的基本原理。详细介绍了机械制造工艺设计，包括机械零件设计、机械加工工艺规程设计及机器装配工艺规程设计等。此外，深入讨论了机械加工精度与表面质量的控制，分析了影响加工精度和表面质量的各种因素，并提出了加工误差的分析方法。再者，在机械制造自动化技术方面，全面介绍了加工装备自动化、物料供输自动化、加工刀具自动化、装配过程自动化和检测过程自动化等多个环节。同时，书中还探讨了自动化制造的控制系统，包括顺序控制系统、计算机数字控制系统和自适应控制系统等，为实现机械制造过程的自动化提供了技术支撑。最后，本书对机械制造自动化技术的发展及应用进行了展望，分析了机械制造技术的发展，探讨了快速原型制造技术、成组技术与 CAPP 及超高速加工技术的应用，为机械制造业的技术创新和产业升级提供了新的思路和方向。

在本书的写作过程中，作者力求做到理论与实践相结合，注重内容的科学性、系统性和前瞻性。然而，由于机械制造工艺及其自动化技术领域知识更新迅速，加之作者学识有限，书中可能存在不足之处。笔者衷心希望广大读者和同行能够提出宝贵的意见和建议，帮助笔者不断进步。

目　录

第一章　机械制造与切削原理 ………………………………………… 1

第一节　机械制造技术概述 ………………………………………… 1
第二节　金属切削原理 ……………………………………………… 11

第二章　机械制造工艺设计 ………………………………………… 33

第一节　机械零件设计的基础知识 ………………………………… 33
第二节　机械加工工艺规程设计 …………………………………… 52
第三节　机器装配工艺规程设计 …………………………………… 74

第三章　机械加工精度与表面质量 ………………………………… 98

第一节　加工精度与表面质量概述 ………………………………… 98
第二节　加工精度的影响因素 ……………………………………… 105
第三节　表面质量的影响因素 ……………………………………… 122
第四节　加工误差分析 ……………………………………………… 132

第四章　机械制造自动化技术 ……………………………………… 140

第一节　加工装备自动化 …………………………………………… 140
第二节　物料供输自动化 …………………………………………… 146
第三节　加工刀具自动化 …………………………………………… 154
第四节　装配过程自动化 …………………………………………… 160
第五节　检测过程自动化 …………………………………………… 164

第五章　自动化制造的控制系统 ································· 171

 第一节　机械制造自动化控制系统的分类 ················· 171

 第二节　顺序控制系统 ································· 176

 第三节　计算机数字控制系统 ························· 182

 第四节　自适应控制系统 ····························· 186

第六章　机械制造自动化技术的发展及应用 ··············· 190

 第一节　机械制造技术的发展 ························· 190

 第二节　快速原型制造技术及应用 ··················· 201

 第三节　成组技术与 CAPP 及应用 ··················· 212

 第四节　超高速加工技术及应用 ····················· 219

参考文献 ··· 227

第一章　机械制造与切削原理

第一节　机械制造技术概述

一、制造与制造系统

（一）制造

制造的含义十分广泛。制造是人类按照市场需求，运用主观掌握的知识和技能，借助手工或可利用的客观物质工具，利用有效的工艺方法和必要的能源，将原材料转化为最终物质产品并投放市场的全过程。

狭义的"制造"一般是指产品的制造过程，凡是投入一定原材料，使原材料在物理、化学性质上发生变化而转化为产品的过程，无论其生产过程是连续型的还是离散型的，都称为制造过程。它包括毛坯制造、零件加工、检验与装配、包装与运输等，主要考虑的是制造企业内部的物质流。

广义的"制造"包含产品的全生命周期过程。国际生产工程学会（CIRP）在 20 世纪末给出了定义："制造是一个涉及制造工业中产品设计、物料选择、生产计划、生产过程、质量保证、经营管理、市场销售和服务的一系列相关活动和工作的总称。"它包括市场分析、经营决策、设计与加工装配、质量控制、销售、运输、售后服务及报废回收等过程，必须同时考虑物质流与信息流两个方面。

随着人类生产力的发展，"制造"的概念和内涵在"范围"和"过程"两个方面将进一步拓展。

（二）制造系统

制造系统是指由制造过程（产品的经营规划、开发研制、加工制造和控制管理等）及其所涉及的硬件（生产设备、工具等）、软件（制造理论、制造工艺和方法及各种制造信息等）和人员组成的一个将制造资源（生产设备、工具、材料、能源、资金、技术、信息和人力等）转变为产品（含半成品）的有机整体。制造系统实际上就是一个工厂（企业）所包含的生产资源和组织机构，而通常意义所指的制造系统仅是一种加工系统，是制造系统的一个组成部分，如柔性制造系统等。

国际生产工程学会在 20 世纪 90 年代给"制造系统"给出了定义：制造系统是制造业中形成制造生产（简称生产）的有机整体。在机电工程产业中，制造系统具有设计、生产、发运和销售的一体化功能。

机械制造系统是一个典型的、具体的制造系统。机械制造过程是一个资源向产品或零件的转变过程。这个过程是不连续（离散）的，其系统状态是动态的，故机械制造系统是离散的动态系统。

机械加工系统是由机床、夹具、刀具、工件、操作人员和加工工艺等组成的。机械加工系统输入的是制造资源（毛坯或半成品、能源和劳动力），经过机械加工过程制成成品或零件输出。

机械加工系统在运行过程中，总是伴随着物料流、信息流和能量流的运动，这三者之间相互联系、相互影响，是一个不可分割的有机整体。

1. 物料流（物流）

机械加工系统输入的是原材料或坯料、半成品及相应的刀具、量具、夹具、润滑油、切削液和其他辅助物料等，经过输送、装夹、加工检验等过程，最后输出半成品或成品（伴随切屑的输出）。整个加工过程（包括加工准备）是物料输入和输出的动态过程，这种物料在机械加工系统中的运动称为物料流。

2. 信息流

机械加工系统必须集成各个方面的信息，以保证机械加工过程的正常进行。这些信息主要包括加工任务、加工工序、加工方法、刀具状态、工件要求、质量指标和切削参数等，分为静态信息（工件尺寸要求、公差大小等）和动态信息（刀具磨损、机床故障状态等）。这些所有信息构成了机械加工过程的信息系统。这个系统不断地和机械加工过程的各种状态进行信息交换，有效地控制机械加工过程，以保证机械加工的效率和产品质量。这种信息在机械加工系统中的作用过程称为信息流。

3. 能量流

机械加工系统是一个动态系统，其动态过程是机械加工过程中的各种运动过程。这个运动过程中的所有运动，特别是物料的运动，均需能量来维持。来自机械加工系统外部的能量（一般为电能），多数转变为机械能。一部分机械能用以维持系统中的各种运动，另一部分通过传递、损耗到达机械加工的切削区域，转变为分离金属的动能和势能。这种在机械加工过程中的能量运动，称为能量流。

二、制造技术

（一）制造技术概念

制造技术是完成制造过程所使用的一切生产技术的总称，是将原材料和其他生产要素经济合理地转化为可直接使用的具有高附加值的成品（半成品）和技术服务的技术群，也是制造企业的技术支柱和持续发展的根本动力。

制造技术有广义与狭义之分。广义的制造技术涉及制造活动的各个方面及其全过程，是从概念产品到最终产品的集成活动与系统工程，也是一个功能体系和信息处理系统。而狭义的制造技术则是指机械加工与装配工艺技术。

制造技术的发展是由社会、政治、经济等多方面因素决定的，但最主要的因素是科学技术的推动和市场的牵引。纵观发展历程，技术的推动和市场的牵引是影响制造技术发展的主要因素。科学技术的每次重大进展都推动了制造技术的发展，人类的需求不断增长和变化，也促进了制造技术的不断进步。自 20 世纪 80 年代以来，随着社会需求个性化、多样化的发展，生产类型沿小批量—大批量—多品种变批量的方向发展，以及以计算机为代表的高技术和现代化管理技术的引入、渗透与融合，不断地改变着传统制造技术（以机械-电力技术为核心的各类技术相互联结和依存的制造工业技术体系）的面貌和内涵，从而形成了先进的制造技术。

（二）机械制造技术

机械制造技术即机械产品制造过程中所需要的一切手段的总和，是实现机械制造过程的最基本环节。在机械加工中，材料的质量和性能通过制造技术的实施而发生变化，从原材料或毛坯制造成零件的过程中，质量的变化可分为质量不变、质量减少和质量累加三种类型。不同类型采用不同的工艺方法。与此相对应，机械加工方法可分为材料成型法、材料去除法和材料累加法三种：

1. 材料成型法（质量不变）

材料成型法是将原材料转化成各种形状与尺寸的零件的加工方法。在成型前后，材料主要是形状发生变化，而质量基本不变。该工艺以热加工形式为主，主要用来制造毛坯或形状复杂、精度要求不高的零件，制造精度要求较高的零件则采用精密成型工艺。

材料成型工艺的特点是材料利用率高，但产生变形的能量消耗较大。典型的工艺方法有铸造、锻造、挤压、冲压、注塑、吹塑、粉末冶金和连接成型（焊接、黏结、卷边接合、铆接）等。

粉末冶金是用金属粉末或金属与非金属粉末的混合物作为原料，经压制成型、烧结与后处理等工序，制造某些金属制品或金属材料的方法。由于粉末冶金可直接制造出尺寸准确、表面光洁的零件，且材料利用率可高达95%，大大减少了切削加工量，显著降低了制造成本，因而在机械制造业中获得日益广泛的应用。但粉末冶金工艺成型的产品结构形状有一定的限制，塑性、韧性较差，粉末原材料价格较高，一般只适用于成批或大量生产。

2. 材料去除法（质量减少）

材料去除法是采用在原材料上通过不同工艺方法去除一部分多余材料，达到设计要求的形状、尺寸和公差的零件加工方法。在制造过程中，材料的质量逐渐减少。该工艺主要用来提高零件的加工精度和表面加工质量。

材料去除工艺的特点是无功资源消耗多（大部分能量消耗在去除材料上）、加工周期长、材料浪费严重，但目前仍是保证零件设计要求的一种最经济的工艺方法，在机械制造业中占有重要的地位。

材料去除法主要分为传统的切削加工和特种加工。

（1）切削加工是在机床上通过刀具和工件之间的相对运动及相互力的作用实现的。切削过程中，所具有的力、热、变形、振动、磨损等问题决定了零件最终获得的几何形状及表面质量。切削加工的方法很多，常见的有车削、铣削、刨削、磨削、钻削、拉削和镗削等。

（2）特种加工是不同于传统的切削加工，它是利用电能、化学能、光能、声能、热能及机械能等能量对材料进行加工的工艺方法。在特种加工过程中，刀具与工件基本不接触，不存在切削力和工件材料性能对加工的影响，因此又称为无切削力加工。

特种加工能解决普通机械加工方法无法解决或难以解决的问题，如具有高硬度、高强度、高脆性或高熔点的各种难加工材料（硬质合金、钛合金、淬火工具钢、耐热钢、不锈钢、陶瓷、金刚石、宝石、石英、玻璃及锗、硅等）零件的加工，具有较低刚度或复杂曲面形状的特殊零件（薄壁件、弹性元件、复杂曲面形状的模具内腔、叶轮机械的叶片、喷丝头、各种冲模及冷拔模上的型孔、整体涡轮等）的加工，各种超精、光整或具有特殊要求的零件（航空陀螺仪、伺服阀等）的加工等。特种加工在现代制造技术中占有越来越重要的地位，并已在现代制造、科学研究和国防工业中获得了日益广泛的应用。

特种加工一般按照能量来源和作用形式及加工原理来分类，主要有：电火花加工（EDM）、电火花线切割加工（WEDM）、化学加工（CHM）、电化学加工（ECM）、电化学机械加工（ECMM）、电接触加工（RHM）、激光束加工（LBM）、超声波加工（USM）、电子束加工（EBM）、离子束加工（IBM）、等离子体加工（PAM）、电液加工（EHM）、磨料流加工（AFM）、磨料喷射加工（AJM）、液体喷射加工（HDM）及各类复合加工等。

3. 材料累加法（质量累加）

材料累加法是 20 世纪 80 年代发展起来的一种工艺新技术。它充分利用计算机数据模型和自动成型系统，采用材料累加的方法分层制造零件。在制造过程中，材料的质量逐渐增加。该工艺可制造各种形状复杂的零件，制造周期大大缩短，材料利用率高，并且在制造过程中不产生力，能量消耗较低。材料累加法的典型工艺是目前正在迅速发展的快速原型制造技术。

快速原型制造技术突破了传统的加工模式，被认为是近几十年来制造技术领域的一次重大突破。它综合了机械工程、数控技术、CAD 与 CAM 技术、激光技术及新型材料技术等，可以自动迅速地把设计思想物化为具有一定结构和功能的原型或直接制造零件，也可以对产品设计进行快速评价、修改，以响应市场需求，提高企业的竞争能力。快速原型制造技术对于制造企业的模型、原型及成型件的制造方式正产生着深远影响。

快速原型制造技术的基本原理是直接根据产品 CAD 的三维实体模型数据，经计算机数据处理后，将三维实体数据模型转化为许多二维平面模型的叠加，再通过计算机控制、制造一系列的二维平面模型，并顺次将其连接，形成复杂的三维实体零件。目前，快速原型制造技术主要有激光立体光刻法（SLA）、选择性激光烧结法（SLS）、分层实体制造法（LOM）和熔融沉积造型法（FDM）等。

3D 打印是快速原型制造技术的一种，它是一种以数字模型文件为基础，运用粉末状金属或塑料等材料，通过逐层打印的方式来构造物体的一种技术，可极大地缩短产品的研制周期，大大提高生产率和降低生产成本。

3D 打印技术出现在 20 世纪 90 年代中期，是利用光固化和纸层叠等技术的最新快速成型技术。它与普通打印工作原理基本相同，打印机内装有液体或粉末等"打印材料"，与电脑连接后，通过电脑控制把"打印材料"一层层叠加起来，最终将计算机上的蓝图变成实物。3D 打印技术中存在许多不同的技术，它们的不同之处在于可用的材料方式，并以不同层构建部件。3D 打印常用材料有尼龙玻璃纤维、耐用性尼龙材料、石膏材料、铝材料、钛合金、不锈钢、镀银、镀金、橡胶类材料。目前，3D 打印技术已应用在珠宝、鞋类、工业设计、建筑、工程和施工、汽车、航空航天、牙科和医疗产业、教育、地理信息系统、土木工程、枪支、艺术、娱乐及其他领域。

（三）制造技术的创新

1. 可持续发展是制造技术创新的动力与空间

可持续发展，是指社会、经济、人口、资源、环境的协调发展和人的全面发展。人的繁衍、物质的生产、自然界对于人类生活资源和生产资源的产出三个方面构成了一个综合系统，任何一方出现问题都有可能危害世界的持续和发展。

现代工业的生产模式是不符合可持续发展的。其主要表现为：环境意识淡薄，"先污染，后治理"；回收、再生意识差；重视降低成本、不重视产品的耐用性和易于修理性，高度享受是以高资源消耗为代价的；环境立法、企业文化、环境生态系统教育不够。这些所形成的生产模式是很难做到持续发展的，从而迫使人们必须摆脱传统的制造模式，开拓新型的可持续发展的制造模式。

可持续发展为制造技术提供了创新空间，是促进制造技术创新的动力。发展可持续制造技术必须探讨符合可持续发展的、新型的制造技术，而且要从基础理论和工艺技术两个方面进行突破性研究，如工业生态学、生态型制造技术、干式切削与磨削技术、延长产品生命周期的设计制造技术、生长型制造的实用化技术、以人为中心协调环境与文化要求的文化主导型制造技术等。

可持续发展的生产模式正在推动新一轮的技术创新：由资源型的发展模式逐步变为技术型的发展模式，变为经济、社会、资源与环境相协调的新发展模式；由物质短缺的社会所具有的大量生产模式转化为物质丰富的社会所应有的一种新生产模式——循环制造模式。

2. 知识化是制造技术创新的资源

随着产品市场国际化的激烈竞争，产品的功能日趋集成化和复合化，开发新产品所需的知识越来越多，尤其是高新知识。可以说，技术的产品和工艺创新完全依赖科学知识、工程技术知识、管理知识和经济知识的积累与综合，而科学知识和工程技术知识是制造技术创新的基础。

创新所需的知识可划分为主导知识和辅助知识。对于制造技术创新而言，主导知识是有关制造本身的机理、规律、技术、技能、装置及系统等方面的知识，有量化的知识，更有非量化的知识，如经验等。主导知识是一种动态的知识，会随着科学技术的进步而不断更新。辅助知识的知识面很广，如计算机、信息论、生态学、管理科学等，是为主导知识服务的，促进主导知识的现代化，共同成为创新的资源。只有把握主导知识，掌握所需的辅助知识，创新成果才可能有深度，有应用前景。

3. 数字化是制造技术创新的主要手段

面对 21 世纪的制造技术创新，数字化是主要手段。继计算几何、计算力学问世之后，计算切削工艺学、计算制造、数字化制造、新型材料零件数字化设计与制造等陆续被提出，可以更加明显地看出数字化是技术创新的主要手段。

计算机网络为数字化信息的传递、实现"光速贸易"提供了技术手段，同时也为实现全球化制造，基于网络的制造提供了物理保证，是实现数字化制造的重要途径。这不仅有利于参与市场竞争，促进设备资源的共享，更有利于快速获得制造技术信息，激发创新灵感。

4. 可视化是制造技术创新的虚拟检验

虚拟现实（VR）技术的飞速发展为实用性技术的创新提供了虚拟原型，以及技术的虚拟检验。虚拟现实技术提供的可视化，不只是一般几何形体的空间显示，它不仅可以对噪声、温变、力变、磨损、振动等进行可视化，还可以把人的创新思维表述为可视化的虚拟实体，促进创造灵感的进一步升华。

三、生产类型及其工艺特征

在机械制造过程中，由于产品的类型不同，产品的结构、尺寸、技术要求不同，市场对其需求也是多种多样的。因此，每种产品的年生产纲领（年产量）也是不同的。

生产类型的划分依据是产品（或零件）的年生产纲领。产品（或零件）的年生产纲领是指包括备品和废品在内的该产品（或零件）的年生产量。产品

（或零件）的年生产纲领对制造过程中的生产管理形式、所用的机床设备、工艺装备及加工方法都有很大的影响。

根据产品的大小、特征、生产纲领、批量及其投入生产的连续性，以及按生产专业化程度的不同，可将生产划分为三种类型：单件生产、成批生产和大量生产。

（一）单件生产

产品的种类很多，同一种产品的数量不多（仅制造一个或几个），很少再重复生产，此种生产称为单件生产。如制造大、重型机械产品或新产品试制等都属于单件生产。

（二）成批生产

产品的种类较多，每种产品均有一定的数量，各种产品是分期分批地轮番进行生产，此种生产称为成批生产。如机床制造、机车制造和电机制造等多属于成批生产。

（三）大量生产

产品的品种较少，数量很大，每台设备经常重复地进行某一工件的某一工序的生产，此种生产称为大量生产。如汽车、拖拉机、轴承和自行车等的制造多属于大量生产。

同一产品（或零件）每批投入生产的数量称为批量。根据产品的特征和批量的大小，成批生产可分为小批生产、中批生产和大批生产。小批生产接近单件生产，大批生产接近大量生产，中批生产介于单件生产和大量生产之间。

各种生产类型的工艺特征见表1-1。

表1-1　各种生产类型的工艺特征

工艺特征	生产类型		
	单件生产	成批生产	大量生产
生产对象	品种很多、数量少	品种较多、数量较多	品种较少、数量很大
零件的互换性	配对制造、无互换性，广泛采用钳工修配	大部分具有互换性，少数用钳工修配	全部具有互换性，某些高精度配合件用分组选择法装配

续表

工艺特征	生产类型		
	单件生产	成批生产	大量生产
毛坯的制造方法及加工余量	铸件用木模手工制造；锻件用自由锻。毛坯精度低，加工余量大	部分铸件用金属模；部分铸件用模锻。毛坯精度中等，加工余量中等	用高生产率的毛坯制造方法。铸件广泛采用金属模机器造型，锻件用模锻，毛坯精度高，加工余量小
机床设备	通用机床或数控机床、加工中心机床按类别和规格大小采用"机群式"排列布置	通用机床和部分高生产率机床兼用，数控机床、加工中心、柔性制造单元、柔性制造系统、机床按加工类别分工段排列布置	高生产率的专用机床、组合机床、自动机床、数控机床或专用生产线、自动生产线、柔性制造生产线机床设备按流水线或自动线形式排列
夹具	多用标准通用夹具，很少采用专用夹具，靠画线及试切法达到尺寸精度	广泛采用夹具或组合夹具，部分靠画线法达到加工精度	广泛采用高生产率专用夹具，靠夹具及调整法达到加工精度
刀具与量具	采用通用刀具与万能量具	较多采用专用刀具及专用量具或三坐标测量机	广泛采用高生产率的专用刀具和量具，或采用统计分析法保证质量
对工人的要求	需要技术精湛的工人	需要技术熟练的工人	对操作工人的技术要求较低，对调整工人的技术要求较高
工艺文件	只有工艺过程卡片	有工艺过程卡片，重要工序有工序卡片	有详细的工艺文件
发展趋势	箱体类复杂零件采用加工中心加工	采用成组技术，数控机床、柔性制造技术等加工	在计算机控制的自动化制造系统中加工，实现在线故障自动报警和加工误差自动补偿

由表 1-1 可知，不同的生产类型具有不同的工艺特征。在制定零件机械加工工艺时，必须首先确定生产类型。一般生产同一产品，大量生产要比成批生产、单件生产的生产效率高，成本低、性能稳定、质量可靠。因此，产品结构的标准化、系列化就显得十分重要。推行成组技术、组织成组加工及区域性专业化生

产，可使大批量生产中被广泛采用的高效率加工方法和设备应用到中小批生产中。

四、机械制造业在国民经济中的作用

在整个制造业中，机械制造业占有特别重要的地位。综观世界各国，任何一个经济强大的国家，无不具有强大的机械制造业，许多国家的经济腾飞，机械制造业功不可没。

机械制造业是国民经济的装备部，是国家经济发展的支柱，也是国民经济收入的重要来源，在整个国民经济中处于十分重要的地位。制造业的发展对一个国家的经济、社会及文化具有巨大和深刻的影响，国民经济的发展速度在很大程度上取决于机械制造业技术水平的高低和发展速度。

第一，机械制造业是人类物质生产的基础，人们物质消费水平的提高，有赖于制造技术和制造业的发展。可以说，没有制造业的发展就没有今天人类的现代物质文明。

第二，机械制造业是重要的基础工业，也是为国家创造财富的重要产业。

第三，机械制造业是为国民经济的各个部门提供技术装备的，其技术发展水平不仅决定企业现时的竞争力，更决定了全社会的长远效益和经济的持续增长。可以说，制造业是实现经济增长的物质保证，没有机械制造业的发展和振兴，就没有整个国民经济的发展和振兴；国民经济各个部门的生产技术水平和经济效益，在很大程度上取决于机械工业所能提供装备的技术性能、质量和可靠性。

第四，机械制造业是加快信息产业发展的物质基础。没有信息产业的快速发展，制造业就不可能较快地实现高技术化；反之，若没有制造业的拉动和支持，也不可能有信息产业的发展和进步。制造业和信息产业是相互依赖、相互推动、共同发展的。

第五，机械制造业历来是应用科学技术的主要领域，发挥着应用最新科技推动社会、经济发展的主导作用。现代化的工业、农业、国防和科学技术，都以相应的机械装备为物质基础，先进的技术装备集中了相关科技领域的最新科技成果。同样地，没有机械制造业提供质量优良、技术先进的装备，相关领域的技术（如新材料技术、信息技术、生物工程技术等）发展就会受到制约，而机械制造业也为其他领域的技术研究开发提供了许多重要的研究方向、课题及先进的试验装备。

第二节 金属切削原理

一、切削运动及切削要素

(一) 切削运动

切削运动是指切削加工时，为了获得各种形状的零件，刀具与工件必须具有一定的相对运动。按其所起的作用，切削运动可分为主运动和进给运动。

1. 主运动

主运动是指由机床或人力提供的运动，它使刀具与工件之间产生主要的相对运动。主运动的特点是速度最高，消耗功率最大。车削时，主运动是工件的回转运动。

2. 进给运动

进给运动是指由机床或人力提供的运动，它使刀具与工件间产生附加的相对运动。进给运动将使被切金属层不断地投入切削，以加工出具有所需几何特性的加工表面。车削外圆时，进给运动是刀具的纵向运动；车削端面时，进给运动是刀具的横向运动；牛头刨床刨削时，进给运动是工作台的移动。

主运动的运动形式可以是旋转运动，也可以是直线运动；主运动可以由工件完成，也可以由刀具完成；主运动和进给运动可以同时进行，也可以间歇进行；主运动通常只有一个，而进给运动的数目可以有一个或几个。

(二) 切削加工过程

切削加工过程中，在切削运动的作用下，工件表面一层金属不断地被切除变为切屑，从而加工出所需要的表面，三个表面始终处于不断地变动之中：前一次走刀的已加工表面，即为后一次走刀的待加工表面；过渡表面则随进给运动的进行不断被刀具切除。其含义如下。

(1) 待加工表面：将被切去金属层的表面。

(2) 切削表面：切削刃正在切削而形成的表面，切削表面又称加工表面或过渡表面。

(3) 已加工表面：已经切去多余金属层而形成的新表面。

（三）切削用量三要素

切削用量是用来描述切削加工中主运动和进给运动的参数。切削用量包括切削速度、进给量、背吃刀量三个要素。

1. 切削速度（ v_c ）

切削速度是指切削加工时，切削刃选定点相对于工件主运动的瞬时速度，即单位时间内工件和刀具沿主运动方向相对移动的距离，单位为 m/min。

主运动为旋转运动时，切削速度 v_c 的计算公式为：

$$v_c = \frac{\pi dn}{1000 \times 60} \, (\text{m/min}) \qquad (1-1)$$

式中：d——工件直径（mm）；

n——工件或刀具每分钟转数（m/min）。

若运动为往复运动时，平均切削速度为：

$$v_c = \frac{2Ln_t}{1000 \times 60} \, (\text{m/min}) \qquad (1-2)$$

式中：L——往复运动行程长度（mm）；

f——主运动每分钟的往复次数（往复次数/min）。

2. 进给量（ f ）

进给量是指刀具在进给运动方向上相对工件的位移量，可用刀具或工件每转或每行程的位移量来表述或度量。车削时进给量的单位是 mm/r，即工件每转一圈，刀具沿进给运动方向移动的距离。刨削等主运动为往复直线运动，其间歇进给的进给量为 mm/双行程，即每个往复行程刀具与工件之间的相对横向移动距离。单位时间的进给量，称为进给速度，车削时的进给速度 v_i 的计算公式为：

$$v_i = nf \, (\text{mm/min 或 mm/s}) \qquad (1-3)$$

对于铣刀、铰刀、拉刀等多齿刀具，还规定了每刀齿进给量 f_z，单位是 mm/z。进给速度、进给量和每刀齿进给量之间的关系为：

$$v_f = nf = nzf_z \qquad (1-4)$$

式中：n——主轴转速（r/s）；

z——多齿刀具的齿数。

3. 背吃刀量（ a_p ）

背吃刀量，是指主刀刃工作长度（在基面上的投影）沿垂直于进给运动方向上的投影值。对于外圆车削，背吃刀量等于工件已加工表面和待加工表面之间的垂直距离。

$$a_\mathrm{p} = \frac{d_\mathrm{w} - d_\mathrm{m}}{2} \tag{1-5}$$

式中：d_w ——待加工表面直径；

d_m ——已加工表面直径。

（四）切削层参数

切削层，是指切削刃正在切削的金属层。切削层在垂直于主运动方向的截面尺寸，称为切削层参数。它决定了刀具切削部分所承受的负荷和切屑尺寸的大小，还影响切削力和刀具磨损、表面质量和生产效率。

1. 切削厚度（h_d）

切削厚度，是指垂直于切削刃方向上度量的切削层截面尺寸。它反映了切削刃单位长度上工作负荷的大小。车外圆时，如主削刃为直线，则有：

$$h_\mathrm{d} = f\sin\kappa_\mathrm{r} \tag{1-6}$$

2. 切削宽度（b_d）

切削宽度，是指沿切削刃方向度量的切削层截面尺寸。车外圆时，如主削刃为直线，则有：

$$b_\mathrm{d} = a_\mathrm{p}/\sin\kappa_\mathrm{r} \tag{1-7}$$

3. 切削层面积（A_d）

切削层面积，是指切削层在切削层尺寸度量平面内的横截面积。车外圆时，如车刀主切削刃为直线，则有：

$$A_\mathrm{d} = h_\mathrm{d}b_\mathrm{d} = fa_\mathrm{p} \tag{1-8}$$

（五）确定切削用量的步骤

切削三要素对切削力、刀具磨损和刀具耐用度、产品加工质量等都有直接的影响。只有选择合适的切削用量，才能充分发挥机床和刀具的功能，最大限度地发掘生产潜力，降低生产成本。

在刀具寿命已确定的条件下，欲使 v_c、f、a_p 三者乘积即金属切除率最大，无疑应首先选择尽量大的背吃刀量 a_p，其次根据机床动力和刚性限制条件或已加工表面粗糙度的要求选择尽量大的进给量 f，最后依据三要素与刀具寿命关系式

计算确定切削速度 v_c。

1. 背吃刀量的选择

切削加工一般分为粗加工、半精加工和精加工。

（1）粗加工（$R_a = 12.5 \sim 50\mu m$）时，应尽量用一次走刀就切除全部加工余量。在中等功率机床上，背吃刀量可达 $8 \sim 10mm$。

（2）半精加工（$R_a = 3.2 \sim 6.3\mu m$）时，背吃刀量取为 $0.5 \sim 2mm$。

（3）精加工（$R_a = 0.8 \sim 1.6\mu m$）时，背吃刀量取为 $0.1 \sim 0.4mm$。

粗加工时，当加工余量太大、工艺系统刚性不足，或者加工余量极不均匀，以致引起很大振动时，可分几次走刀；若二次走刀或多次走刀时，应将第一次走刀的背吃刀量取大些，一般为总加工余量的 $2/3 \sim 3/4$，而且最后一次走刀的背吃刀量取得要小一点，以使精加工工序有较高的刀具耐用度和加工精度及较小的表面粗糙度。

在加工铸、锻件或加工不锈钢等加工硬化严重的材料时，应尽量使背吃刀量大于硬皮层或冷硬层的厚度，以保护刀尖，避免过早磨损。

精加工时，背吃刀量的选取应该根据表面质量的要求来选择。在用硬质合金刀具、陶瓷刀具、金刚石和立方氮化硼刀具精细车削与镗孔时，切削用量可取为 $a_p - 0.05 \sim 0.2mm$，$f = 0.01 \sim 0.1mm$，$v = 240 \sim 900m/min$，这时表面粗糙度可以达到 $R_a = 0.32 \sim 0.1\mu m$，精度达到或高于 IT5（孔达到 IT6）。其可以代替磨削加工。

2. 进给量的选择

粗加工时，由于工件的表面质量要求不高，进给量的选择主要受切削力的限制。在机床进给机构的强度、车刀刀杆的强度和刚度以及工件的装夹刚度等工艺系统强度良好，硬质合金或陶瓷刀片等刀具的强度较大的情况下，可选用较大的进给量。当断续切削时，为减小冲击，要适当减小进给量。

在半精加工和精加工时，因背吃刀量较小，切削力不大，进给量的选择主要考虑加工质量和已加工表面的表面粗糙度，一般取值较小。

在实际生产中，进给量常根据经验或查表法确定。按经验确定的粗车进给量在一些特殊情况（如切削力很大、工件长径比很大、刀杆伸出长度很大）下，还须对所选定的进给量进行校验（一项或几项），如刀杆强度、刀杆刚度、刀片强度、工件装夹刚度、机床进给机构强度等。

3. 切削速度的选择

在 a_p、f 值选定后，应该在此基础上再选出最大的切削速度，此速度主要受刀具耐用度的限制。因此，在一般情况下，要根据已经选定的背吃刀量、进给量 f 及刀具耐用度 T，按下述公式计算出切削速度 v_T。

$$v_T = \frac{C_v}{T^m a_p^{x_v} f^{y_v}} K_v \qquad (1-9)$$

式中：C_v——与工件材料、刀具材料和其他切削条件有关的常数；

　　K_v——切削进度的修正系数，与工件材料、毛坯表面状态、刀具材料、加工方式、车刀主偏角、副偏角、刀尖圆弧半径及刀杆尺寸对切削速度的影响有关，具体的修正系数值可查相关表格。

式中的各系数和指数可查阅切削用量手册。

生产中选择切削速度的一般原则如下：

①粗车时，a_p、f 较大，故选择较低的切削速度；精车时，a_p、f 均较小，故选择较高的切削速度。

②工件材料强度、硬度高时，应选择较低的切削速度；反之，选择较高的切削速度。如加工奥氏体不锈钢、钛合金和高温合金时，切削速度要选得低些。易切碳钢的切削速度则较同硬度的普通碳钢的高，加工灰铸铁的切削速度较中碳钢的低，而加工铝合金和铜合金的切削速度则较加工钢的切削速度快得多。

③刀具材料的切削性能越好时，切削速度应选得越高。硬质合金刀具的切削速度比高速钢刀具的要高好几倍，而涂层硬质合金的切削速度又比未涂层的刀片有明显提高。很明显，陶瓷、金刚石和立方氮化硼刀具的切削速度比硬质合金刀具高得多。

④精加工时，应尽量避免积屑瘤和鳞刺产生的区域。

⑤断续切削时，为减小冲击和热应力，宜适当降低切削速度。

⑥在易发生振动的情况下，切削速度应避开自激振动的临界速度。

⑦加工大件、细长件和薄壁工件时，应选用较低的切削速度。

⑧加工带外皮的工件时，应适当降低切削速度。

（六）提高切削用量的途径

①采用切削性能更好的新型刀具材料。

②改善工件材料的切削加工性。

③改进刀具结构和选配合理的刀具几何参数。

④提高刀具的制造和刃磨质量。

⑤采用性能好的新型切削液和高效的冷却方法。

（七）切削用量优化及切削数据库

1. 切削用量优化

切削用量，是指根据生产中的经验数据进行必要的计算获得的数据，并非最佳值。随着计算机技术的广泛应用，计算机辅助切削用量的优化选择成为可能。

所谓"最优化技术"，就是以数学中多元函数求极值理论为基础，借助计算机对最优化问题的数学模型进行优化求解，使优化目标最优且满足一定约束的最优选择变量的技术。应用最优化技术确定最优切削用量，首先要建立符合实际加工条件的数学模型。其主要包括以下两个方面。

（1）目标函数

目标函数是优化目标 U 与切削用量之间的函数关系式，即

$$U = U(a_p, f, v_c) \tag{1-10}$$

式中，U 可以是单个优化目标（如单件生产成本、单件工序工时等），也可以是多个优化目标的组合。

（2）约束条件

约束条件，是指生产条件对切削用量施加的种种限制，包括刀具切削性能（如刀具寿命）、加工质量（如表面粗糙度）、工艺系统力学性能（如工件刚度、刀具强度与刚度、机床进给机构强度）、机床参数规范（如机床功率、机床主轴扭矩、机床极限转速和进给量）等因素，同样须建立起这些因素 $G_i(i = 1, 2, \cdots, m)$ 与切削用量之间的函数关系式。

一般，约束条件可表示为：

$$G_i = G_i(a_p, f, v_c) \leqslant G_{ic}(i = 1, 2, \cdots, m) \tag{1-11}$$

式中：G_{ic}——每个约束条件的限定值；

m——约束条件的个数。

根据上述数学模型，再选择合适的最优化方法，并编制出相应的计算机程序，在计算机上进行优化运算，便可得到使 U 最小（或最大）且满足 m 个约束条件的最优切削用量。用这种方法确定最优切削用量，不仅快速易行，而且可以实现多目标综合优化。另外，由于在优化运算中每进行一步都要考虑约束条件，因此，最终得到的最优切削用量不需要校验便可使用。可见，这种方法比前一种更为科学合理，是切削用量优化选择的发展趋势。

目前，国内外正利用计算机筹建最优切削用量数据库，以供生产调用，这将

对切削加工产生深远的影响。

2. 金属切削数据库的概念

金属切削加工中需要合理的参数和设计等大量数据。随着科学技术的发展和计算机的广泛应用，为了使用方便、查找迅速、选择数据合理，将研究所、高等院校及工厂试验室经验证在实际生产中行之有效的切削用量数据、手册中的数据经评价、分析并处理后存入计算机中，可形成供用户查询的一种金属切削数据处理中心，这个数据处理中心被称为金属切削数据库。金属切削数据库储存了大量切削加工方法、大量工程材料的切削数据、大量刀具材料的数据、不同机床的性能及原始参数等，用户可根据具体的加工条件，从数据库中搜索到适合该加工条件的刀具材料、刀具合理的几何参数、合理的刀具寿命和优化的切削用量值。对于金属切削数据库，既有全国性的大型数据库，也有适合某单位、部门工作需要的小型数据库，后者相对具体。

二、金属切削过程

研究金属切削变形过程对于切削加工技术的发展和进步、保证加工质量、降低生产成本、提高生产率，都有十分重要的意义。因为金属切削加工中的各种物理现象，如切削力、切削热、刀具磨损及已加工表面质量等，都以切屑形成过程为基础，而实际生产中出现的积屑瘤、振动、卷屑与断屑等，都与切削变形过程有关。因此，对金属切削变形过程的研究，正是抓住了问题的根本，深入了本质。下面将对这些现象和规律做简单介绍：

（一）切屑形成过程及切屑种类

1. 切屑形成过程

金属的切削过程实际上就是切屑的形成过程，就本质而言，是被切金属层在刀具切削刃和前刀面的作用下，经受挤压而产生剪切滑移变形的过程。在切削塑性金属时，材料受到刀具的作用以后，开始产生弹性变形。随着刀具继续切入，金属内部的应力、应变继续加大。当应力达到材料的屈服点时，产生塑性变形。刀具再继续前进，应力进而达到材料的断裂强度，金属材料被挤裂，并沿着刀具的前刀面流出而成为切屑。

在金属切削过程中，切削层大致可以划分为三个变形区，如图 1-1 所示。

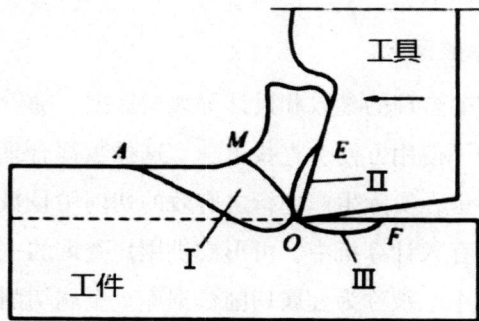

图 1-1　金属切削过程中的三个变形区

（1）第 Ⅰ 变形区

即切削刃前方变形区，主要是沿剪切面的滑移变形区，是切削变形的主要区域，也称基本变形区。此区涉及变形的种类与状态，涉及被切削材料应力—应变特性和强度问题，因此直接与切削过程中的切削力和所消耗的功率有关。

（2）第 Ⅱ 变形区

即与刀具前刀面接触的切屑底层变形区，是切屑产生的区域。切屑底层受到前刀面的挤压与摩擦，其流动速度较上层略缓，甚至滞留在前刀面上，形成积屑瘤。由第 Ⅰ 变形区的变形与第 Ⅱ 变形区的摩擦所产生的切削热直接影响了刀具的磨损与耐用度。

（3）第 Ⅲ 变形区

即近切削刃处已加工表面的变形区，是后刀面与已加工表面产生摩擦的区域。此区涉及刀具的磨损、工件的尺寸精度、加工表面粗糙度与表面质变层等问题，因此与加工表面质量直接相关。

2. 切屑种类

由于加工材料和切削条件不同，以及切屑变形的性质和程度不同，常见的切屑有三种基本类型：

（1）节状切屑

切屑的顶面有明显的挤裂痕，而底面仍旧相连，呈一节一节的形状。切削速度较低、切削厚度较大以及用较小的刀具前角加工中等硬度的塑性材料时容易得到这类切屑。节状切屑的变形很大，切削力也较大，且有波动，因此加工表面不够光洁。

（2）带状切屑

在切削塑性较好的材料时，表层金属受到刀具挤压，产生很大的塑性变形，而后沿剪切面滑移，在尚未完全剪裂时，刀具又开始挤压下一层金属，于是形成连续的带状切屑。当用较大的前角、较高的切削速度和较薄的切削厚度加工塑性较好的金属材料时容易得到这类切屑。当形成带状切屑时，切屑的变形小，切削力平稳，加工表面光洁。但带状切屑往往连绵不断，容易缠绕在工件或刀具上，会刮伤工件或损坏刀刃，还会使自动加工无法进行，所以必须采取断屑或卷屑措施。

（3）崩碎切屑

在切削铸铁和黄铜等脆性材料时，切削层金属发生弹性变形以后，一般不经过塑性变形就突然崩落，形成不规则的碎块状屑片，即崩碎切屑。工件越是硬脆，越容易产生这种切屑。当产生崩碎切屑时，切削热和切削力都集中在主切削刃和刀尖附近，刀尖容易磨损，并容易产生振动，影响表面质量。

切屑形状可以随切削条件的不同而改变。在生产中，常根据具体情况采取不同的措施来得到需要的切屑，以保证切削加工的顺利进行。例如加大前角、提高切削速度或减少进给量，可将节状切屑转变成带状切屑，使加工的表面较为光洁。

（二）积屑瘤

在一定范围的切削速度下加工塑性材料时，在刀具的前刀面上靠近刀刃的部位，常发现黏附着一小块很硬的金属，这块金属称为积屑瘤，或叫刀瘤。

1. 积屑瘤的形成

在切削过程中，刀屑间的摩擦使前刀面和切屑底层一样都是刚形成的新鲜表面，它们之间的黏附能力较强。因此在一定的切削条件（压力和温度）下，切屑底层与前刀面接触处发生黏结，使与前刀面接触的切屑底层金属流动较慢，而上层金属流动较快。流动较慢的切屑底层，称为滞流层。如果温度与压力适当，滞流层金属就与前刀面黏结成一体。随后，新的滞流层在此基础上逐层积聚、黏合，最后形成积屑瘤。变大的积屑瘤受外力作用或振动影响会发生局部断裂或脱落。积屑瘤的产生、成长、脱落过程是在短时间内进行的，并在切削过程中呈周期性地不断出现。

2. 积屑瘤对切削加工的影响

（1）起到保护刀刃、减少刀具磨损的作用

积屑瘤在形成过程中，由于金属剧烈变形引起强化，其硬度远高于被切金属，因而可代替刀刃进行切削。

（2）增大前角

积屑瘤黏附在前刀面上，增大了刀具的实际工作前角，因而可减小切屑变形，减小切削力。

（3）影响工件的尺寸精度和表面粗糙度

积屑瘤的顶端伸出切削刃之外，而且不断地产生和脱落，使切削层公称厚度不断变化，影响工件尺寸精度。此外，还会导致切削力变化，引起振动，并会有一些积屑瘤碎片黏附在工件已加工表面，使表面变得粗糙。

从以上分析可知，积屑瘤对切削过程有利有弊：在粗加工时可利用积屑瘤保护切削刃，在精加工时则应尽量避免积屑瘤产生。

3. 影响积屑瘤的因素

工件材料和切削速度是影响积屑瘤的主要因素。

（1）工件材料

工件材料的塑性越高，切削变形越大，摩擦越严重，切削温度越高，就越容易产生黏结而形成积屑瘤。因此，对塑性较高的工件材料进行正火或调质处理，提高强度和硬度，降低塑性，减小切屑变形，即可避免积屑瘤的生成。

（2）切削速度

切削速度是通过切削温度和摩擦来影响积屑瘤的，并且很明显，即切削速度是影响积屑瘤形成的主要因素。当切削速度很低（5m/min）时，切削温度较低，切屑内部结合力较大，前刀面与切屑间的摩擦小，积屑瘤不易形成；当切削速度增大（5~50m/min）时，切削温度升高，摩擦加大，则易于形成积屑瘤；切削速度很高（>100m/min）时，切削温度较高，摩擦较小，则无积屑瘤形成。可见，提高或降低切削速度是减少积屑瘤的措施之一。

此外，增大前角、减小进给量、降低刀具前刀面表面粗糙度和合理采用切削液，都有助于抑制积屑瘤的产生。

（三）切削力和切削功率

切削力是切削加工过程中的重要因素之一，它影响零件的加工精度、表面粗糙度和生产率。当切削力过大时，会使工件变形，进而影响工件的加工精度，而且在机床工件—刀具系统的刚度不够时，切削力还会引起振动，使工件表面粗糙。切削力太大还可能造成"打刀""闷车"、损坏机床、顶跑工件等生产事故。因此，生产中常要求我们必须考虑切削力的大小和方向，并采取措施加以控制。

1. 切削力的产生与分解

刀具在切削工件时，必须克服材料的变形抗力，克服刀具与工件及刀具与切屑之间的摩擦力，才能切下切屑。这些抗力就构成了实际的切削力。

在实际加工中，总切削力的方向和大小都不易直接测定，也没有直接测定它的必要。为了适应设计和工艺分析的需要，一般不直接研究总切削力，而是研究它在一定方向上的分力。

以车削外圆为例，总切削力 F 可以分解为以下三个互相垂直的分力。

（1）主切削力（切向分力）F_e

F_e 的大小占总切削力的80%~90%。F_e 消耗的功率最多，占总功率的90%以上，是计算机床动力、主传动系统零件和刀具强度及刚度的主要依据。主切削力对刀具的作用是将刀头向下压，当主切削力过大时，可能会使刀具崩刃或折断。主切削力对工件的作用是切下切屑，当切削用量过大时，切下切屑所产生的主切削力过大，就可能发生"闷车"现象。

（2）进给力（轴向分力）F_f

总切削力在进给运动方向上的分力，是设计或校验进给系统零件强度和刚度的依据。其一般只消耗总功率的1%~5%。

（3）背向力（径向分力）F_p

总切削力在背吃刀量方向上的分力。因为切削时这个方向上的运动速度为零，所以不做功。但其反作用力作用在工件上，容易使工件弯曲变形，特别是细长轴工件的刚性较差，变形尤为明显。这不仅影响加工精度，还会引起振动，从而影响表面粗糙度，应给予充分注意。如车细长轴时采用主偏角为90°的偏刀就是为了减小 F_p。

显然，总切削力和三个切削分力的关系是：

$$F = \sqrt{F_e^2 + F_r^2 + F_p^2} \qquad (1-12)$$

2. 影响切削力的因素

①工件材料。工件材料是影响切削力的基本因素。强度、硬度较高的材料，

由变形所产生的切削力就比较大；反之，切削力就较小。

②刀具角度。在刀具角度中对切削力影响较大的是前角和主偏角。前角加大会使切削力减小，而主偏角则对 R 和 F_p 影响较大。

③切削用量。切削用量中，进给量和背吃刀量是影响切削力的主要因素。进给量和背吃刀量增大都会使切削力增大。

在实际应用中计算切削力的公式是建立在试验基础上，而且综合了影响切削力的各个因素的经验公式。

3. 切削功率

在切削过程中消耗的总功率为各分力所消耗功率的总和，称为切削功率，用 P_m 表示。在车削外圆时，由于背向力 F_p 所消耗的功率等于零，进给力 F_f 所消耗的功率很小，可忽略不计。因此，切削功率 P_m 可用式（1-13）计算：

$$P_m = 10^{-3} F_c \cdot v_c \ (\mathrm{kW}) \tag{1-13}$$

式中：F_c ——主切削力（N）；

v_c ——切削速度（m/s）。

机床电动机的功率 P_E 可用式（1-14）计算：

$$P_E = P_m / \eta \ (\mathrm{kW}) \tag{1-14}$$

式中：η ——机床传动效率，一般取 0.75～0.85。

（四）切削热、切削温度及切削液

1. 切削热

切削热是由切削功转变而来的：一是切削层发生的弹、塑性变形功，二是切屑与前刀面、工件与后刀面间消耗的摩擦功。

当切削热产生以后，由切屑、工件、刀具及周围的介质（如空气）传出。各部分传出的比例取决于工件材料、切削速度、刀具材料及刀具几何形状等。试验结果表明，车削时的切削热主要是由切屑传出的。

传入切屑及介质中的热量越多，对加工越有利。传入刀具的热量虽不是很多，但由于刀头体积很小，特别是在高速切削时，切屑与前刀面发生连续而强烈的摩擦，因此刀头上的温度可达 1000℃ 以上，会使刀头材料软化，加速磨损，缩短寿命，影响加工质量。传入工件的热，可能使工件变形，产生形状和尺寸误差，对于细长轴及薄壁零件，影响尤为显著。

在切削加工中，如何设法减少切削热的产生、改善散热条件以及减少高温对刀具和工件的不良影响，有着重大意义。

2. 切削温度及其影响因素

切削温度一般是指切削区的平均温度。切削温度的高低，除了用仪器进行测定外，还可以通过观察切屑的颜色大致算出来。例如在切削碳钢时，随着切削温度的升高，切屑的颜色也发生相应的变化：淡黄色表示切削温度约 200℃，蓝色表示切削温度约 320℃。

切削温度的高低取决于切削热的产生和传出情况，它受切削用量、工件材料、刀具材料及刀具角度等因素的影响。

①切削用量。当切削速度增加时，单位时间产生的切削热随之增加，对温度的影响最大。当进给量和背吃刀量增加时，切削力增大，摩擦也增大，所以切削热会增加。但是在切削面积相同的条件下，增加进给量与增加背吃刀量相比，后者可使切削温度低些，原因是当增加背吃刀量时，切削刃参加切削的长度随之增加，这将有利于热的传出。

②工件材料。工件材料的强度及硬度越高，切削中消耗的功越大，产生的切削热越多。切削钢时发热多，切削铸铁时发热少，因为钢在切削时产生的塑性变形所需的功大。材料的导热性好，切削热很快通过工件和切屑传出，切削温度就低。

③刀具材料。导热性好的刀具材料，可使切削热很快传出，能降低切削温度。

④刀具角度。主偏角减小时，切削刃参加切削的长度增加，传热条件好，可降低切削温度。前角的大小直接影响切削过程中的变形和摩擦。当前角大时，产生的切削热少，切削温度低；当前角过大时，会使刀具的传热条件变差，不利于切削温度的降低。

3. 切削液

降低切削温度最有效的措施是合理地使用切削液。在金属切削过程中合理选用切削液，可以改善刀具与切屑、刀具与工件界面的摩擦情况，改善散热条件，从而降低切削力、切削温度和刀具磨损。切削液还可减少刀具与切屑的黏结，抑制积屑瘤的生长，提高已加工表面的质量，可以减小工件热变形，保证加工精度。切削液的作用如下。

①冷却作用。切削液能带走大量的切削热，大大降低切削温度。

②润滑作用。切削液能渗入切屑与刀具的接触表面、工件与刀具的接触表

面，形成润滑膜，从而降低摩擦系数，减小切削力，减少切削热，减少切屑与刀具的黏结，减少刀具的磨损和降低工件的表面粗糙度。

③排屑作用。利用高压、大剂量切削液冲走切屑，这对孔加工和磨削尤其重要。

④清洗和防锈作用。切削液能冲洗工件已加工表面和机床表面，若在其中加入防锈添加剂，还能在金属表面生成保护膜，起到防锈、防蚀作用。

常用的切削液有以下两大类：

①水类切削液。常见水类切削液有水溶液（肥皂水、苏打水等）、乳化液等，这类切削液比热大、流动性好，主要起冷却作用，也有一定的润滑作用。为了防止机床和工件生锈，常加入一定量的防锈剂。水类切削液多用于粗加工。

②油类切削液。油类切削液又称切削油，主要成分是矿物油，少数采用动植物油或复合油。这类切削液比热小、流动性差，主要起润滑作用，也有一定的冷却作用。为了改善切削液的性能，除防锈剂外，还常在切削液中加入油性添加剂、防霉添加剂、抗泡沫添加剂和乳化剂等。油类切削液多用于精加工。

切削液通常应根据加工性质、工件材料和刀具材料来选择。

在粗加工时，主要的要求是冷却，降低一些切削力及切削功率。一般应选用冷却作用较好的切削液，如低浓度的乳化液等。在精加工时，主要希望提高表面质量和减少刀具磨损，应选用润滑作用较好的切削液，如高浓度的乳化液或切削油等。

在加工一般钢材时，通常选用乳化液或硫化切削油，在加工铜合金和非铁金属时，不宜采用含硫化油的切削液，以免腐蚀工件。在加工铸铁、青铜、黄铜等脆性材料时，为了避免崩碎的切屑进入机床运动部件，一般不用切削液。但在低速精加工中，为了提高表面质量，可用煤油作为切削液。

高速钢刀具应根据加工的性质和工件材料选用合适的切削液。硬质合金刀具一般不用切削液。如果要用，必须连续地、充分地供给，切不可断断续续，以免硬质合金刀片因骤冷骤热而开裂。

三、刀具的磨损与寿命

刀具失效的形式有刀具的磨损与破损两大类：前者称为正常磨损，后者称为非正常磨损。

刀具在切削加工过程中，由于摩擦作用必然会逐渐磨损。当磨损量达到一定程度时，可明显发现：切削力加大，切削温度上升，切屑颜色也会改变，工艺系统会发生振动，加工表面粗糙度将增大，加工精度降低。有时刀具也可能在切削过程中突然损坏而失效，造成刀具破损。因此，研究刀具磨损、破损及其使用寿命对加工质量、生产成本和效率的影响具有重要的意义。

（一）刀具磨损

1. 刀具磨损的形式

刀具的磨损是指刀具在正常的切削过程中，由于物理或化学的作用，使刀具逐渐产生的磨损。在切削过程中，刀具的前刀面和后刀面与切屑和工件接触，并产生强烈的摩擦，同时在接触区内有很高的温度与压力，因此随着切削的进行，前、后刀面都将发生磨损。

刀具的磨损主要包括下述几种形式。

（1）前刀面磨损（月牙洼磨损）

在切削塑性材料时，若切削速度与切削厚度较大，在前刀面上往往会磨出月牙洼。月牙洼的位置出现在刀具前刀面切削温度最高的地方，它和切削刃之间有一条小棱边。在磨损过程中，月牙洼的宽度、深度不断增大，当月牙洼扩展到使棱边很窄时，切削刃的强度急剧削减，极易导致崩刃。月牙洼磨损量用其最大深度 KT 表示。

（2）后刀面磨损

由于加工表面和刀具后刀面间存在强烈的摩擦，在后刀面上毗邻切削刃的地方很快被磨出后角为零的小棱面，这就是后刀面磨损。后刀面磨损主要发生在以较低的切削速度、较小的切削厚度切削塑性材料及加工脆性材料的情况下。后刀面磨损往往是不均匀的。

（3）前刀面和后刀面同时磨损

该形式兼有上述两种磨损形式的特点，在切削塑性金属时，经常会发生这种磨损。

2. 刀具磨损的原因

切削过程中的刀具磨损与一般机械零件的磨损有明显的不同：刀具与切屑、工件间的接触表面经常是新鲜表面，接触面上压力很大，接触面的温度也很高。因此，刀具磨损是机械、热和化学三种作用的综合结果。

（1）磨料磨损

磨料磨损是指工件或切屑中的硬质点与积屑瘤碎片，在刀具表面刻划出沟纹的现象。该过程很像砂轮磨削工件，刀具被一层一层磨掉，属于纯机械作用。

磨料磨损在各种切削速度下都可能发生，但是低速下的磨料磨损是刀具磨损的主要原因。这是由于低速时，切削温度较低，其他原因产生的磨损不显著。刀具抵抗磨料磨损的能力主要取决于其硬度和耐磨性。由于高速钢刀具的硬度、耐磨性较硬质合金、陶瓷等低，故其易产生磨料磨损。

（2）黏结磨损

刀具与工件、切屑之间存在很大的压力及强烈的摩擦，它在一定的温度、压力作用下将产生黏结，由于摩擦的相对运动，黏结点将被破坏而被一方带走，从而造成黏结磨损。由于工件与切屑的硬度较刀具低，通常情况下，黏结点的破坏常发生在工件或切屑一方。但由于交变应力、接触疲劳、热应力以及刀具表层结构缺陷等，黏结点的破坏也会发生在刀具一方，从而造成刀具磨损。

（3）扩散磨损

扩散磨损是指在高温下，工件与刀具材料中的化学元素相互扩散，使两者的化学成分发生变化，从而削弱了刀具材料的性能，加快了刀具磨损。例如，用硬质合金刀具切削钢材时，从 800℃ 开始，硬质合金中的 Co、W、C 等元素便迅速地扩散到切屑和工件中：硬质合金中失去了 W，会使刀具表面硬度、耐磨性降低；失去 Co，削弱了硬质合金中硬质相的黏结强度、切屑和刀具中的 Fe 则向刀具表面扩散，形成新的低硬度、高脆性的复合碳化物。这些都加速了刀具磨损。扩散磨损在高温下产生，并随温度升高而加剧。

扩散磨损的快慢和程度与刀具材料的化学成分有很大关系，这是由于不同元素的扩散速率不同所致。如硬质合金中 Ti 元素的扩散速率远低于 Co、WC、TiC，又不易分解，故 YT 类合金的抗扩散磨损能力优于 YG 类合金。YN 类合金和涂层合金则更佳。硬质合金中添加 Ta、Nb 后会形成固熔体，更不易扩散，故具有良好的抗扩散磨损性能。

（4）氧化磨损

氧化磨损是一种化学性质的磨损。当切削温度达 700~800℃ 时，空气中的氧在切屑形成的高温区与刀具材料中的某些成分 Co、WC、TiC 发生氧化反应，形成较软的氧化物（CO_3C_4、C_0O、WO_3、TiC_2），从而使刀具表面硬度下降，较软的氧化物被切屑或工件擦掉而形成氧化磨损。

（5）热电磨损

工件、切屑与刀具由于材料不同，在高温下切削时，接触区将会产生热电势，这种热电势有促进扩散作用而加速刀具磨损。这种磨损称为热电磨损。

总之，刀具磨损与工件材料、刀具材料、切削用量、介质情况等都有关系。某一具体情况下的主要磨损原因可能是上述诸原因中的一种或多种，须具体情况具体分析。一般来说，在用硬质合金刀具切削钢料时，磨料磨损总是存在的，但所占比例不大；在中低速切削速度（切削温度）下，以冷焊磨损为主；在高速（高温）情况下，以扩散磨损、氧化磨损和热电磨损为主。

3. 刀具的磨损过程

随着切削时间的延长，刀具的磨损会逐渐加大。试验表明，不同切削条件下的刀具磨损过程基本相似。其磨损过程可分为三个阶段。

（1）初期磨损阶段

由于新刃磨的刀具切削刃较锋利，其后刀面与切屑和工件实际接触面积很小，压强较大，加之其后刀面存在微观不平等缺陷，故这一阶段的磨损较快。初期磨损量的大小与刀具刃磨质量有关，经仔细研磨过的刀具，其初期磨损量小，要耐用得多。当磨损达到一定值后，即稳定下来。一般初期磨损量为 0.05~0.10mm。

（2）正常磨损阶段

经初期磨损后，刀具的粗糙表面已经磨平，接触表面积增大，压强减小，磨损速率明显减小，刀具进入正常磨损阶段。此阶段的磨损量比较缓慢均匀。后刀面磨损量随切削时间的延长而近似地成比例增加。这是刀具工作的有效阶段。

（3）急剧磨损阶段

刀具经正常磨损阶段后，切削刃明显变钝，切削力、切削温度迅速升高，此时刀具的磨损情况发生了质的变化而进入急剧磨损阶段。若继续使用该刀具则不仅不能保证加工质量，而且刀具材料的消耗大，经济上也很不合算，故在生产中应避免达到急剧磨损阶段。应在这一阶段到来之前及时更换刀具。

4. 刀具的磨钝标准

刀具的磨损达到一定限度就不能继续使用，而应进行重磨，这个磨损限度称为刀具的磨钝标准。一般刀具都存在后刀面的磨损，它对加工质量、切削力、切削温度的影响比较显著，并且比较容易测量，因此在金属切削的科学研究中通常是以后刀面的磨损值 VB 达到一定数值作为磨钝标准。国际标准化组织 ISO 统一规定以 1/2 背吃刀量上测量的磨损带宽度作为刀具的磨钝标准。

在确定磨钝标准时应考虑以下因素。

①工艺系统的刚性。当工艺系统的刚性差时，VB 应取小值。如车削刚性差的工件，应将 VB 控制在 0.3mm。

②工件材料。在切削难加工材料时，一般应选用较小的磨钝标准，如加工高温合金及不锈钢等。在加工一般材料时，VB 可取得大一些。

③工件尺寸。在加工大型工件时，为避免频繁换刀，VB 应取大值。

④在加工精度和表面质量。加工精度和表面质量较高的工件时，应取较小 VB 值，以确保加工质量。

（二）刀具寿命

1. 刀具寿命的概念

刀具在使用过程中会不断地磨损，当达到一定的磨损标准时，不能满足加工质量或生产率所要求的切削性能，则须进行重磨。刃磨好的刀具从开始切削到磨损量达到磨钝标准为止的总切削时间（单位为 min），称为刀具的使用寿命，用 T 表示。它是指净切削时间，不包括对刀、测量、快进、回程等非切削时间。刀具寿命是指刀具的使用寿命乘以刀具的刃磨次数，即一把新刀从投入使用经多次重磨到报废为止的总切削时间。

刀具使用寿命是一个重要的参数。它不仅是确定换刀时间的重要依据，也是衡量工件材料加工性能和刀具材料切削性能，以及刀具几何参数和切削用量的选择是否合理的重要依据。对于某些切削加工而言，当工件、刀具材料与刀具几何形状选定之后，切削用量是影响刀具使用寿命的主要因素。

2. 切削用量与刀具使用寿命的关系

（1）切削速度与刀具使用寿命的关系

切削速度与刀具使用寿命的关系可用单因素试验法求得。试验前先选定刀具后刀面上的磨钝标准。然后，保证其他切削条件不变，在常用切削速度范围内，取不同的切削速度做磨损试验，可得到各种切削速度下的刀具磨损曲线，根据选定的磨钝标准 VB 值即可求出各切削速度所对应的刀具使用寿命。在双对数坐标轴上标出点可发现，在一定的切削速度下，这些点基本上在一条直线上，因此，这条直线的方程为：

$$\lg v_c = -m \lg T + \lg A \qquad (1-15)$$

式中：m ——该直线的斜率，$m = \tan\varphi$ ；

A ——当 $T = 1\text{s}$ （或 1min）时直线在纵坐标上的截距。

m 和 A 均可实测得到。故 T 和 v_c 的关系可以表示为：

$$v_c = A/T^m \tag{1-16}$$

或：

$$T = (A/v_c)^{\frac{1}{m}} \tag{1-17}$$

$T - v_c$ 关系式反映了切削速度与刀具使用寿命之间的关系，是选择切削速度的重要依据。指数 m 反映了切削速度对刀具使用寿命的影响程度。显然，m 值越大，刀具使用寿命受切削速度的影响越小，即刀具的切削性能越好。

（2）进给量、背吃刀量与刀具使用寿命的关系

根据上述方法，同样可求得 $f - T$ 、$a_p - T$ 的关系式：

$$f = B/T^n \tag{1-18}$$

$$a_p = C/T^p \tag{1-19}$$

式中：B ，C ——常数；

n ，P ——指数。

（3）切削用量与刀具使用寿命的经验公式

综合式（1-17）、式（1-18）、式（1-19）可以得到切削用量三要素与刀具使用寿命关系的经验公式：

$$T = \frac{C_T}{v_c^{1/m} f^{1/n} a_p^{1/p}} \tag{1-20}$$

式中：C_T ——与工件材料、刀具材料和其他切削条件有关的常数。

一般情况下，$m < n < p$ 。当用 YT5 硬质合金车刀切削 $\sigma_b = 750\text{MPa}$ 的碳钢时（$f > 0.75\text{mm/r}$），切削用量与刀具使用寿命的关系为：

$$T = \frac{C_T}{v_c^5 f^{2.25} a_P^{0.75}} \tag{1-21}$$

从式（1-20）可知，切削用量中以切削速度 f 对刀具的使用寿命影响最大，进给量 f 次之，背吃刀量 a_p 影响最小。

3. 合理选择刀具的使用寿命

在实际生产中，刀具的使用寿命同生产效率和加工成本之间存在较为复杂的关系。刀具的使用寿命并不是越高越好，若刀具的使用寿命选得过高，则切削用量必将被限制在很低的水平，此时虽然刀具的消耗及其费用较少，但过低的加工

效率也会使经济效果变得很差。若刀具的使用寿命选得过低，虽可采用较高的切削用量使金属切除量有所提高，但由于刀具磨损加快而使换刀、刃磨的工时和费用显著增加，同样达不到高效率、低成本的要求。所以一般选用刀具使用寿命时应从以下三个方面考虑。

①使该工序的加工生产率最高，亦即零件的加工时间最短。

②使该工序的生产成本最低，亦即所消耗的生产费用最低。

③使该工序所获得的利润最高。

一般情况下，应采用最低生产成本刀具使用寿命，在生产任务紧迫或生产中节拍不平衡时，可选用最高生产率刀具使用寿命。

实际工作中，设定刀具使用寿命时还应具体考虑下述因素。

①刀具的构造、刃磨情况。若刀具结构复杂，制造、刃磨费用高，则刀具的使用寿命应设定得高些。

②机床上刀具的调整情况。若刀具调整复杂，则刀具的使用寿命应设定得高些。例如组合机床上的刀具、自动线上的刀具。

③生产进度。若某工序单位生产时间的生产成本较高时，刀具使用寿命应设定得低些，这样可以选用较大的切削用量，缩短加工时间，降低生产成本。若某工序的生产成为制约生产线上生产的"瓶颈"时，刀具的使用寿命应设定得低些，这样可以选用较大的切削用量，以加快该工序的生产节拍。

④在精加工尺寸较大的工件时，为避免在加工同一表面时中途退刀，设定的刀具使用寿命应至少能完成一次走刀。

四、切削加工技术经济

在实际生产过程中，技术和经济是相互促进、相互制约、紧密联系的两个方面。先进技术是推动经济发展的重要条件和手段，而经济发展的需要也是技术进步的动力和方向。对于具体的技术方案而言，不仅要从技术上评价它的结果，而且要从经济上评价它的效果。一个最优的切削加工方案就是要以最低的生产成本，生产出质量优良的产品，这样才能使产品在市场上具有较强的竞争力。

在切削加工中常用零件的加工质量、生产率和经济性应作为评价不同工艺方案技术经济效果的主要指标。

（一）零件的加工质量

在切削加工中，评价零件加工质量的主要指标是加工精度和表面质量，它直接影响着产品的使用功能、生产率和加工成本。

（二）切削加工生产率

切削加工的生产率是指单位时间内生产零件的数量，即

$$R_0 = \frac{1}{t_w} = \frac{1}{t_m + t_c + t_0} \qquad (1-22)$$

式中：R_0——生产率；

t_w——生产一个零件所需的总时间；

t_m——基本工艺时间，即加工一个零件所需的总切削时间；

t_c——辅助时间，即除切削时间之外，与加工直接有关的时间，它是工人为了完成切削加工而消耗于各种操作上的时间，如调整机床、空移刀具、装卸或刃磨刀具、安装和找正工件、检验等的时间；

t_0——其他时间，即除切削时间外，与加工没有直接关系的时间，包括擦拭机床、清扫切屑及自然需要等的时间。

由式（1-22）可知，提高切削加工生产率，实际就是设法减少零件加工的基本工艺时间、辅助时间及其他时间。

以车外圆为例，基本工艺时间可用式（1-23）计算：

$$t_m = \frac{lh}{nfa_p} = \frac{\pi d_w lh}{100 v_c fa_p} s \qquad (1-23)$$

式中：l——车刀行程长度（mm），$l = l_w$（被加工外圆面长度）$+ l_1$（切入长度）$+ l_2$（切出长度）；

h——工件半径上的加工余量（mm）；

d_w——工件待加工表面直径（mm）；

v_c——切削速度（m/s）；

f——进给量（mm/r）；

a_p——背吃刀量（mm）；

n——工件转速（r/s）。

从式（1-23）可以看出，提高生产率的主要途径如下。

第一，在可能条件下，采用先进的毛坯制造工艺和方法，减小加工余量。

第二，合理地选择切削用量，粗加工时可采用强力切削（f 和 a_p 较大），精加工时可采用高速切削。

第三，在可能条件下，采用先进的和自动化程度较高的工、夹、量具。

第四，在可能条件下，采用先进的机床设备及自动化控制系统，例如在大批量生产中采用自动化机床，多品种、小批量生产中采用数控机床、计算机辅助制造等。

（三）经济性

经济性是指所制定的切削加工方案在保证加工精度和表面质量的前提下，生产成本最低。制造一个零件或产品所必需的一切费用的总和，即零件或产品的生产成本，主要包括坯料和原材料费用、操作工人的工资、机床电费、机床设备及工量具的折旧费、车间经费和企业管理费等。若将原材料的成本除外，每个零件切削加工的费用 C_w（元/件）可用式（1-24）表示：

$$C_w = (t_m + t_c + t_o) M + \frac{t_m}{T} C_t = t_m M + \frac{t_m}{T} C_t \tag{1-24}$$

式中：M ——单位时间内分担的全厂开支，包括工人工资、机床电费、设备折旧费和一般管理费等；

T ——刀具耐用度；

C_t ——刀具的费用，包括磨刀费和刀具折旧费。

由此可知，零件切削加工成本包括工时成本和刀具成本两部分。影响切削成本的主要因素有基本工艺时间、辅助时间、其他时间及刀具耐用度等。因此，要降低零件切削成本就必须缩减 t_m、t_c、t_o，提高刀具耐用度，降低刀具成本，并节约全厂开支，等等。

综上所述，切削加工最优的技术经济总目标应是在可能条件下，以最低的成本高效地加工出质量合格的零件或产品。

第二章　机械制造工艺设计

第一节　机械零件设计的基础知识

一、机械零件的常用材料及热处理

在机械制造中，零件常用的材料主要是钢和铸铁，其次是有色金属合金（铜、铝合金等）。此外，非金属材料、复合材料中的橡胶、皮革、石棉、木材、塑料、陶瓷等，在一定的场合也有应用。

（一）钢

钢是含碳量小于2%的铁碳（Fe-C）合金。钢的强度高，可以承受很大的载荷，可以轧制、锻造、冲压、铸造、焊接，可以用热处理改变其加工性能和提高其力学性能。

钢的用途极为广泛，按用途分为结构钢、工具钢和特殊钢。结构钢用于制造各种机械零件和工程结构的构件；工具钢用于制造各种刃具、模具和量具；特殊钢（如弹簧钢、滚动轴承钢、不锈钢、耐热钢、耐酸钢等）用于制造各种特定工作条件、环境下的零件。按化学成分，钢可分为碳素钢和合金钢。按含碳量钢又分为低碳钢（含碳量<0.25%）、中碳钢（含碳量为0.25%~0.5%）和高碳钢（含碳量>0.5%）。

1. 普通碳素结构钢

普通碳素结构钢的标记为 Q235A-F，其中，Q 是屈服强度"屈"字的汉语拼音字头，235 表示屈服强度 σ_s =235MPa，A 表示性能等级。普通碳素结构钢的性能等级分为 A、B、C、D 四级，A 级控制最松，D 级最严。按照脱氧方法，普通碳素结构钢可分为沸腾钢（F）、镇静钢（Z）、半镇静钢（B）和特殊镇静钢（TZ），对于镇静钢和特殊镇静钢，其符号 Z 和 TZ 可以省略。

2. 优质碳素结构钢

这类钢的力学性能和化学成分可同时得到保证，力学性能优于普通碳素钢，用于制造较重要的零件。优质碳素结构钢的牌号以含碳量的万分数表示，如 25、45、55 分别表示平均含碳量为 0.25%、0.45%、0.55%。低碳钢一般用于退火状态下强度不高的零件（如螺钉、螺母）、锻件和焊接件等，还可经渗碳热处理，用于制造表面耐磨，并承受冲击负荷的零件。中碳钢的综合力学性能较好，可进行淬火、调质和正火热处理，用于制造较重要的零件，如轴、齿轮等。高碳钢经热处理后，具有较高的表面硬度及强度，主要用于制造高强度的零件，如齿轮、曲轴和弹簧等。

3. 合金结构钢

合金结构钢是在碳素钢中加入一些合金元素而成的。常用的合金元素有铬、锰、钼、镍、硅、铝、硼、钒、钛、钨等。钢中加入合金元素，其目的在于改善钢的力学性能和热处理性能，并使其具有某些特殊性质，如耐磨性（加入锰、硅、铬硅、镍硅、铬锰、铬钒等）、高韧性（加入钼、镍、锰、铬钒、铬镍等）、抗蚀性（加入铬、镍等）、耐热性（加入钨、钼、铬钒等）、流动性（加入铝、钨等）等。

合金钢根据合金元素的含量可划分为低合金钢（每种合金元素含量小于 2% 或合金元素总含量小于 5%）、中合金钢（每种合金元素含量为 2%～5%，或合金元素总含量为 5%～10%）、高合金钢（每种合金元素含量大于 5% 或合金元素总含量大于 10%）。

合金结构钢的牌号采用"数字+化学元素+数字"的方式表示，如 60Si2Mn 是硅锰钢，前面数字表示钢中平均含碳量的万分数，化学元素符号表示合金元素，其后的数字是该元素含量的百分数。若元素含量小于 1.5%，其后不标数字，若平均含量大于等于 1.5%、2.5%、3.5%……，相应地以 2，3，4，……表示。

对于杂质元素硫、磷含量较低的高级优质合金钢（硫 ≤ 0.02%，磷 ≤ 0.03%），则在钢牌号后加注 A，如 50CrVA。电渣重熔钢为特级优质合金钢，牌号后加注 E。

4. 铸钢

毛坯是铸造的碳素钢或合金钢称为铸钢，用 ZG 表示，如铸造碳素钢 ZG270-500、合金铸钢 ZG35SiMn。

机械零件和结构件的毛坯种类有铸造件、锻造件、型材。其中，型材种类多，有钢板、钢带、钢管、工字钢、槽钢、角钢、圆（棒料）钢、方钢、六角钢等，有热轧、冷轧生产工艺。常用钢的性能及应用见表2-1。

表 2-1 常用钢的性能及应用

材料		性能[①]			应用举例
名称	牌号	抗拉强度 /MPa	屈服强度[②] /MPa	硬度 HBW	
普通碳素结构钢	Q215	355~410	215	—	金属结构件、拉杆、铆钉、心轴、垫片、焊接件、齿轮、螺钉、盖等
	Q235	375~460	235	—	
	Q255	410~510	255	—	
优质碳素结构钢	08F08	295~325	175~195	131	管子、垫片、套筒等
	10	335	205	137	冷冲压件、连接件，如套筒、螺栓、螺母、摩擦盘片等
	20	410	245	156	
	25	450	275	170	轴、辊子、联轴器、垫片、螺钉等
	35	530	315	197	轴、销、连杆、螺栓、螺母等
	40	570	335	217	轴、曲柄销、活塞杆等
	45	600	355	229	齿轮、链轮、轴、键、销等
	55	645	390	255	齿轮、凸轮等
低合金结构钢	Q345	470~630	345	—	结构件、零件、中低压容器等
	Q390	490~650	390	—	中高压锅炉、化工容器、大型船舶、桥梁、车辆、起重机及较高载荷的焊接件
	Q420	520~680	420	—	
合金结构钢	40Cr	980	785	207	重要的齿轮、连杆、螺栓、螺母、轴等
	35SiMn	885	735	229	
	30CrMo	930	785	229	

材料		性能①			应用举例
名称	牌号	抗拉强度 /MPa	屈服强度② /MPa	硬度 HBW	
一般 工程 用铸钢	ZG200-400	400	200	—	机座、飞轮、联轴器、齿轮、轴承座、箱体等
	ZG230-450	450	230	—	
	ZG270-500	500	270	—	
	ZG310-570	570	310	—	
	ZG340-640	640	340	—	
低合金 铸钢	ZG20Mn	500~650	300	150~190	经调质制造叶片、阀、弯头等
	ZG40Crl	630	345	212	大型高强度齿轮等

注：①优质碳素结构钢及合金钢的抗拉强度、屈服强度为试样毛坯尺寸 25mm 的值，硬度为交货状态值。

②碳素结构钢屈服强度为尺寸≤16mm 时的值。当尺寸分别为 18~40mm、40~60mm、60~100mm 时，屈服强度逐段降低 10MPa。

（二）铸铁

铸铁是含碳量大于 2% 的铁碳合金。工业中常用的铸铁含碳量为 2.2%~3.8%。铸铁是脆性材料，不能进行碾压或锻造，但它具有良好的铸造性、切削加工性（白口铸铁除外）和抗压性，特别是耐磨性和减振性比钢好，成本比钢低，应用也很广泛。目前有的品种已部分代替钢材。

1. 灰铸铁

灰铸铁因其断口呈暗灰色而得名。其牌号由"灰铁"两字的汉语拼音字头 HT 和试样的最小抗拉强度 σ_B 值组成，如 HT200，其 $\sigma_B = 200$MPa。在各类铸铁中，灰铸铁的减振性能最好，故箱体和机座大多采用灰铸铁。

2. 球墨铸铁

球墨铸铁是在灰铸铁浇注之前，铁水中加入一定数量的球化剂（纯镁、镍镁或铜镁等合金）和墨化剂（硅铁和硅钙合金），以促进碳呈球状石墨结晶而获得。其牌号由"球铁"两字的汉语拼音字头 QT 和最低抗拉强度及最低伸长率两组数字组成，如 QT500-7，其 $\sigma_B = 500\text{MPa}$，伸长率 $\delta = 7\%$。

此外，还有性能介于灰铸铁和球墨铸铁之间的蠕墨铸铁，经白口铸铁改性的可锻铸铁，加入铬、硅等合金元素的合金（耐热）铸铁等。常用灰铸铁和球墨铸铁的性能及应用见表 2-2。

表 2-2 常用灰铸铁和球墨铸铁的性能及应用

材料		性能				应用举例
名称	牌号	抗拉强度 /MPa	屈服强度 /MPa	伸长率 /%	硬度 HBW	
灰铸铁	HT150	145	—	—	163~229	底座、床身、手轮、工作台等
	HT200	195	—	—	170~241	汽缸、齿轮、底座、机体等
	HT250	240	—	—	170~241	油缸、汽缸、齿轮、轴承座、机体等
球墨铸铁	QT500-7	500	320	7	170~230	油泵齿轮、车辆轴瓦、阀体等
	QT600-3	600	370	3	190~270	
	QT700-2	700	420	2	225~305	连杆、曲轴、凸轮轴、齿轮轴等

（三）有色金属合金

有色金属合金具有很多特殊的性能，如良好的导电性、导热性和减磨性等，是机械制造中不可缺少的材料。铜及其合金主要用来制造承受摩擦的零件，常用铜合金有黄铜（铜锌合金）、青铜。青铜又有锡青铜（铜锡合金）、无锡青铜（铜与铅、铝、镍、锰、硅、铍等合金）之分。铜合金可铸造，也可压力加工。

铝合金含有硅、铜、镁、锰、锌等合金元素，是应用最广的轻金属，主要用来制造重量轻、强度高的零件。按成型方法，铝合金分铸造铝合金和变形铝合金。变形铝合金又分为防锈铝、硬铝、锻铝、超硬铝。

轴承合金是一种用于滑动轴承衬合金，减摩、耐磨、磨合的性能好，常用的有锡基轴承合金、铅基轴承合金，可铸造。铝基轴承合金是一种新型轴瓦衬材料。

表 2-3 列出了常用的有色金属合金及其性能和应用。

表 2-3 常用的铜合金、轴承合金、铝合金及其性能和应用

材料牌号	性能			应用
	抗拉强度 /MPa	伸长率 /%	硬度 HBW	
铸锡青铜 ZCuSn5Pb5Zn5	200（200）	13（13）	59（59）	较高载荷、中等滑动速度工作的耐磨零件，如轴瓦、蜗轮、螺母等
铸锡青铜 ZCuSn10Pb1	220（310）	3（2）	78.5（88.5）	高负荷、高滑动速度工作的耐磨零件，如轴瓦、齿轮、蜗轮等
铸铅青铜 ZCuPb20Sn5	150（150）	6（5）	44（54）	高滑动速度工作的耐磨零件
铸铝青铜 ZCuA19Mn2	390（440）	20（20）	83.5（93）	高强度耐磨耐蚀零件，如轴瓦、蜗轮等
加工铝青铜 QAl9-4	580	13	110~190	高耐磨耐蚀的轴瓦、齿轮、蜗轮、阀座等
加工普通黄铜 H62	370	18	—	螺母、垫片、铆钉、弹簧等
加工铅黄铜 HPb59-1	420	12	—	螺钉、垫片、底座等
轴承合金 ZchPbSb16Sn16Cu2	78	0.2	30	用于滑动轴承衬
轴承合金 ZchPbSb15Sn5Cu3	68	0.2	32	
轴承合金 ZchSnSb11Cu6	90	6	27	
铸铝合金 ZL101 （ZAlSi7Mg）	225	1	70	淬火，人工时效。中等强度形状复杂的零件
变形铝合金 5A02 （防锈铝）	250	6	—	半冷作硬化。中等强度的冷冲压件、管子、容器、铆钉等
变形铝合金 2A50 （锻铝）	420	13	—	淬火，人工时效。中等强度形状复杂的锻压件、冲压件

续表

材料牌号	性能			应用
	抗拉强度 /MPa	伸长率 /%	硬度 HBW	
变形铝合金 2A11 （硬铝）	420	15	—	淬火，自然时效。中等强度的零件和构件，如螺栓、接头、骨架等
变形铝合金 7A04 （超硬铝）	600	12	—	淬火，人工时效。高强度零件、支架等

注：表中青铜值为砂模铸造，括号内为金属模铸造；青铜和黄铜值为软的，括号内为硬的。

（四）非金属材料

机械制造中所用的非金属材料种类很多，主要有橡胶、塑料、木材、皮革、压纸板、陶瓷等。橡胶具有良好的弹性，常用来制造缓冲吸振元件及密封元件，如各种胶带、密封圈等。工程塑料是非金属材料中发展较快、应用越来越广泛的一种，可用来制造齿轮、蜗轮和轴承等。陶瓷目前已用来制造轴承。

（五）钢的热处理

用钢制造零件时，常需要进行热处理以改善和提高其加工性能、力学性能。钢的热处理是将钢在固态范围内加热到一定温度后，保温一定时间，再以一定速率冷却的工艺过程。钢的常用热处理方法和应用列于表 2-4。

表 2-4 钢的常用热处理方法及其应用

名称	说明	应用
退火	退火是将钢件（或毛坯）加热到临界温度（一般为 723℃）以上 30~50℃，保温一段时间，然后随炉一起缓慢冷却	消除锻、铸、焊的零、构件的内应力，降低硬度使其易于切削加工；细化晶粒，调整组织，改善性能
正火	正火是将钢件加热到临界温度以上，保温一段时间，然后在空气中冷却，冷却速度比退火快	用于低、中碳钢及渗碳零件，作用与退火类似

名称	说明	应用
淬火	淬火是将钢件加热到临界温度以上，保温一段时间，然后在水或油中（个别材料在空气中）急冷下来	提高钢件的硬度和强度。但淬火后钢材性能变脆，并产生很大内应力，需要进行低温回火
回火	回火是将淬硬的钢件再加热到临界点以下的温度，保温一段时间，然后在空气中或油中冷却下来，根据回火温度不同，又分低温（150～250℃）回火、中温（300～500℃）回火、高温（500～650℃）回火	消除淬火后的脆性和内应力，提高钢件的塑性和韧性。低温回火，硬度可达55～62HRC；中温回火，硬度可达35～45HRC；高温回火，硬度可达23～35HRC
调质	淬火后再进行高温回火，称为调质	使钢件获得较高的韧性和强度，很多中碳钢制造的零件（如轴类）常用调质处理
表面淬火	使零件表层有高硬度和耐磨性，而心部保持原有的强度和韧性的热处理方法。根据加热方法，有火焰表面淬火、高频表面淬火	表面淬火常用来处理齿轮、花键等零件
渗碳	将低碳钢或低碳合金钢零件置于渗碳剂中，加热到900～950℃保温，使碳原子渗入钢的表面层，然后淬火和回火	增加零件的表面硬度和耐磨性，而心部仍保持较好的韧性和塑性。多用于重负荷、受冲击、耐磨的零件
渗氮（氮化）	将零件置于渗氮剂中，加热至420～650℃保温，使零件表面形成高硬度氮化层。38CrMoAlA是典型氮化钢	提高耐磨性和抗疲劳性能。氮化中温度较低，热变形小，氮化层较薄，不能承受大的冲击载荷。常用于模具钢热处理
碳氮共渗（氰化）	将零件置于渗碳、渗氮剂中，加热至850～900℃保温，再淬火加低温回火。碳氮共渗是向零件表层同时渗入碳和氮	常用于低碳钢、中碳钢，提高表面耐磨性和抗疲劳性能

激光热处理目前已成为较成熟的钢表面淬火、表面强化的技术手段。例如激光表面淬火是通过高能激光束扫描工件表面，工件表层材料吸收的激光辐射热使材料温度快速升高到临界温度，再通过材料的自冷却完成表面硬化。

二、机械零件的主要失效形式

完成一定功能的机械零件，在规定的条件下和使用期间内，不能正常工作称为失效。机械零件的常见失效形式有以下五种：

（一）整体断裂

机械零件的整体断裂指承受载荷零件的截面上的应力大于材料的极限应力而引起的断裂。零件整体断裂有静载断裂和疲劳断裂两种，如螺栓在过大的轴向载荷作用下被拉断、齿轮断齿和轴的断裂等。80%的整体断裂属疲劳断裂。

（二）塑性变形

塑性材料制作的零件，在过大载荷作用下会产生不可恢复的塑性变形。零件的塑性变形造成尺寸和形状的改变，严重时零件丧失工作能力。

（三）表面破坏

表面破坏指表面材料的流失和损耗。按失效机理的不同，表面破坏分为磨料磨损、腐蚀磨损、点蚀（接触疲劳磨损、表面疲劳）、胶合。表面破坏发生后零件表面精度丧失，表面原有尺寸和形貌改变，摩擦加剧，能耗增加，工作性能降低，严重时导致零件完全不能工作。

（四）过大的弹性变形

机械零件受载时会产生弹性变形。过大的弹性变形会破坏零件之间的相互位置及配合关系，影响机械工作品质，严重时使零件或机器不能正常工作，如机床主轴的弹性变形过大会降低被加工零件的精度。

（五）功能失效

有些机械零件只能在一定的条件下才能正常工作，这种条件丧失后，尽管零件自身尚未被破坏，但已不能完成规定功能，这种失效称为功能失效。如带传动的打滑、螺栓连接的松动等。

此外，还有其他一些失效形式，如压溃、压杆失稳（屈曲失稳）、振动失稳等。

三、机械零件的工作能力及其准则

机械零件在预定的使用期间内不发生失效的安全工作限度称为工作能力，也称为承载能力。衡量机械零件工作能力的指标，称为机械零件的工作能力准则。它是抵抗零件失效、确定零件基本尺寸的依据，故也称为计算准则。现将常用的计算准则分述如下：

（一）强度准则

强度是衡量机械零件工作能力最基本的计算准则。如果零件的强度不足，就会发生整体断裂、塑性变形及表面疲劳，导致零件不能正常工作，所以设计中必须保证满足强度要求。强度准则的一般表达式为：

$$\sigma \leqslant [\sigma] = \frac{\sigma_{\lim}}{S} \, , \, \tau \leqslant [\tau] = \frac{\tau_{\lim}}{S} \qquad (2-1)$$

式中：σ、τ ——机械零件的工作正应力、工作剪应力（MPa）；

[δ]、[τ] ——机械零件材料的许用正应力、许用剪应力（MPa）；

$\sigma_{\lim}$、$\tau_{\lim}$ ——机械零件材料的极限应力（强度）（MPa）；

S ——安全系数。它在强度计算中考虑计算载荷及应力的准确性、材料性能的可靠性等因素对零件强度准确性的不利影响、零件的重要性及其他因素；人为设定的强度裕度，$S \geqslant 1$。

（二）刚度准则

刚度是零件抵抗弹性变形的能力。有些零件，如机床主轴、电动机轴等，要保证足够的刚度才能正常工作，所以这些零件的基本尺寸是由刚度条件确定的。刚度准则计算式为：

$$y \leqslant [y] \, , \, \theta \leqslant [\theta] \, , \, \varphi \geqslant [\varphi] \qquad (2-2)$$

式中：y、θ、φ ——零件工作时的挠度、偏转角和扭转角；

[y]、[θ]、[φ] ——零件的许用挠度、许用偏转角和许用扭转角。

另外，有些零件如弹簧则有相反的要求，即不允许有很大的刚度，而要求具有一定的柔度。

（三）耐磨性准则

耐磨性，是指零件抵抗磨损失效的能力。在机械设计中，总是力求提高零件的耐磨性，减少磨损。关于磨损，目前尚无简单实用的计算方法，通常采用条件性计算。

第一，限制摩擦表面的压强 p 不超过许用值，防止压强过大使零件表面的油膜破坏，而导致过快磨损。其验算式为：

$$p \leqslant [p] \qquad (2-3)$$

式中：[p] ——材料的许用压强，MPa。

第二，对于滑动速度较大的摩擦表面，要限制单位接触面上的摩擦功，不能过大，防止摩擦表面温升过高使油膜破坏、磨损加剧，甚至出现胶合。若摩擦因数为常数，其验算式为：

$$pv \leqslant [pv] \tag{2-4}$$

式中：v——表面间相对滑动速度，m/s；

$[pv]$——pv 的许用值，MPa·m/s。

第三，若相对滑动速度 v 过大，即使 p、pv 值均小于许用值，摩擦表面的局部也会出现磨损失效，故也应限制。其验算式为：

$$v \leqslant [v] \tag{2-5}$$

式中：$[v]$——v 的许用值，m/s。

（四）振动稳定性准则

机械上存在许多周期性变化的激振源，如齿轮的啮合、轴的偏心转动等。当零件的自振频率 f_p 与激振源频率 f 接近或相同时就会发生共振，影响机器的正常工作，甚至造成破坏性事故。振动稳定性准则是使零件的自振频率与激振源频率错开，其设计式为：

$$f < 0.87f_p , f > 1.18f_p \tag{2-6}$$

四、机械零件设计的一般步骤

机械零件的种类不同，设计计算方法也不同，所以具体的设计步骤也不一样，但一般可按下列步骤进行：

拟定零件的计算简图，即建立计算模型。

通过受力分析，确定作用于零件上的载荷。

根据零件的工作条件和受力情况，分析零件可能出现的失效形式，确定零件的设计计算准则。

选择合适的材料。

由设计计算准则得到的设计式确定零件主要几何参数和尺寸，并按标准或规范的规定和加工工艺要求，将零件尺寸的计算值标准化或圆整。

根据加工、装配的工艺要求，受力情况以及减小应力集中和尺寸小重量轻等原则，确定零件的其余结构尺寸。

绘制零件工作图，详细标注尺寸公差、形位公差和表面粗糙度及技术要求等。

编写设计计算说明书，作为技术文件存档。

五、机械零件的强度

（一）载荷的分类

1. 静载荷与变载荷

大小和方向不随时间变化或变化缓慢的载荷称为静载荷；大小和方向随时间变化的载荷称为变载荷。

2. 名义载荷与计算载荷

根据原动机的额定功率或机器在稳定理想工作条件下的工作阻力，用力学公式计算得出的作用在零件上的载荷，称为名义载荷。考虑在工作中零件还受到各种附加载荷的作用及载荷在零件上的分布不均等因素，把名义载荷乘以一个大于1的载荷系数（或工况系数）K，称为计算载荷。机械零件的强度计算和设计中应使用计算载荷。

（二）应力的分类

1. 静应力

不随时间 t 变化或变化缓慢的应力称为静应力，它只能在静载荷作用下产生。

2. 变应力

随时间 t 变化的应力称为变应力。它可由静载荷产生，也可由变载荷产生。随时间 t 做周期性变化的应力称为稳定变应力。稳定变应力有三种典型形式：①对称循环变应力；②脉动循环变应力；③非对称循环变应力。

稳定变应力有 5 个参量，即应力幅 σ_a、平均应力 σ_m、最大应力 σ_{max}、最小应力 σ_{min} 和应力循环特性 r。它们之间的关系为：

$$\sigma_m = \frac{1}{2}(\sigma_{max} + \sigma_{min}) \, , \, \sigma_a = \frac{1}{2}(\sigma_{max} - \sigma_{min}) \, , \, \sigma_{min} = \sigma_m - \sigma_a \, ,$$

$$\sigma_{max} = \sigma_m + \sigma_a \, , \, r = \frac{\sigma_{min}}{\sigma_{max}} \tag{2-7}$$

只要已知其中两个参量，就可求出其余 3 个参量。几种典型变应力的特征见表 2-5。

表 2-5　典型变应力的特征

序号	应力循环名称	循环特性	应力特点
1	静应力	$r = +1$	$\sigma_{\max} = \sigma_{\min} = \sigma_m , \sigma_a = 0$
2	对称循环变应力	$r = -1$	$\sigma_{\max} = \sigma_a = -\sigma_{\min} , \sigma_m = 0$
3	脉动循环变应力	$r = 0$	$\sigma_a = \sigma_m + \sigma_{\max}/2 , \sigma_{\min} = 0$
4	非对称循环变应力	$1 < r < +1$	$\sigma_{\max} = \sigma_a + \sigma_m , \sigma_{\min} = \sigma_m - \sigma_a$

（三）静应力作用下零件静强度计算

静应力作用下，零件的破坏形式为塑性变形或整体断裂，其强度条件式为：

$$\sigma \leqslant [\sigma] = \frac{\sigma_{\lim}}{S} , \tau \leqslant [\tau] = \frac{\tau_{\lim}}{S} \qquad (2-8)$$

式中：$\sigma_{\lim}$、$\tau_{\lim}$——材料的极限正应力和极限剪应力，MPa；

S——安全系数。

静应力作用下的极限应力与材料的性质有关。对于塑性材料的零件，静应力增大到其屈服强度 σ_s 或 τ_s 时发生塑性变形，若静应力再继续增大则发生断裂。因此，极限应力取其屈服强度，即 $\sigma_{\lim} = \sigma_s$，$\tau_{\lim} = \tau_s$。对于脆性材料的零件，应力增大到其抗拉强度 σ_B 或抗剪强度 τ_B 时，发生（脆性）断裂，极限应力取 $\sigma_{\lim} = \sigma_B$，$\tau_{\lim} = \tau_B$。

1. 规范和标准取值法

机械设备所在的行业常规定本行业的安全系数规范或标准，设计时一般应严格遵守这些规范或标准中的规定，但必须注意这些规范或标准中规定的使用条件，不能随便套用。

2. 部分系数法

在无可靠资料时，可考虑影响强度和安全的各方面因素来确定安全系数，即

$$S = S_1 S_2 S_3 \qquad (2-9)$$

式中：S_1——载荷和应力计算准确性系数，$S_1 = 1 \sim 1.5$。

S_2——材料性质均匀性系数，对于锻钢和轧钢件，$S_2 = 1.2 \sim 1.5$；对于铸铁件，$S_2 = 1.5 \sim 2.5$，材料性能可靠时取小值。

S_3——零件的重要性系数，$S_3 = 1 \sim 1.5$。

六、磨损、摩擦和润滑

（一）金属表层的磨损

相对运动的金属表面，由于摩擦都将产生磨损。只要在规定的使用期间内，磨损量不超过规定值，就属正常磨损。尽管有时人们也利用磨损，如机械加工中的研磨机、机器设备正常运转之前的跑合等，但多数情况下磨损是有害的，它将造成能量损耗、效率降低，并影响机器的寿命和性能。

表面磨损按其机理可分为磨料磨损、黏着磨损（胶合）、接触疲劳磨损（点蚀）、腐蚀磨损。

磨料磨损。摩擦表面的硬突峰或外来硬质颗粒对表面的切削或碾破作用，引起表面材料的脱落或流失现象，称为磨料磨损。

黏着磨损（胶合）。从微观上看，即使是经过光整加工的金属表面也是凹凸不平的，所以金属表面接触时，实际上只是少数凸峰在接触，局部接触应力很大，使接触点上产生弹塑性变形，表面吸附膜破裂。同时，因摩擦产生高温，造成金属的焊接，使峰顶黏在一起。当金属表面相对运动时，切向力将黏着点撕开，呈撕脱状态。这种因黏着撕开，使金属表面材料由一个表面转移到另一个表面所引起的磨损称为黏着磨损，也称为胶合。

接触疲劳磨损（点蚀）。齿轮、滚动轴承等点、线接触的零件，在较高的接触应力作用下，经过一定的循环次数后，可能在局部接触面上形成麻点或凹坑，进而导致零件失效，这种现象称为接触疲劳磨损（点蚀）。

腐蚀磨损。摩擦表面与周围介质发生化学或电化学反应，生成腐蚀产物，表面的相对运动导致腐蚀产物与表面分离的现象，称为腐蚀磨损。

（二）常见的摩擦状态

按润滑情况，摩擦表面之间有以下三种基本摩擦状态：

1. 干摩擦状态

当两摩擦表面间不加任何润滑物质时，两表面直接接触，称为干摩擦状态。

在此状态下，两表面相对运动时，必然有大量的摩擦功损失和严重的磨损，故在机械零件中不允许出现干摩擦状态。

2. 边界摩擦状态

两摩擦表面间有少量润滑剂时，由于润滑剂与金属表面的吸附或化学反应作用，在金属表面上形成极薄的边界油膜。当两表面相对运动时，表面间的微凸峰仍在直接接触、相互搓削，这种摩擦状态称为边界摩擦状态。在此状态下，两表面间的摩擦因数比干摩擦状态下的摩擦因数小得多，为 0.08~0.1。

3. 液体摩擦状态

若两摩擦表面间有充足的润滑油，并形成足够厚度的油膜将两表面完全隔开，避免了两表面的直接接触，相对运动的摩擦只发生在润滑油的分子之间。此时摩擦因数很小，为 0.001~0.008，这是一种理想的摩擦状态。

另外，摩擦表面同时存在干摩擦、边界摩擦、液体摩擦的称为混合摩擦状态。干摩擦、边界摩擦、混合摩擦状态统称为非液体摩擦状态。

（三）　润滑剂及其主要性能指标

润滑剂进入摩擦表面之间可以减少摩擦、降低磨损，还起到防止零件锈蚀和散热降温的作用。常用的润滑剂有液体（如油、水）、半固体（如润滑脂）、固体（如石墨）和气体等多种，绝大多数场合采用润滑油（也称滑油、机油）或润滑脂（干油、黄油）。

1. 润滑油的主要性能指标

润滑油主要是由基础油（矿物油或合成油）加各种添加剂组成。其主要性能指标如下：

（1）黏度

润滑油在流动时，流层间产生剪切阻力，阻碍彼此的相对运动，这种性质叫黏性。黏性的大小用黏度来度量。黏度有动力黏度、运动黏度等。动力黏度用 η 表示，国际单位为 Pa·s，1Pa·s = 1N·s/m^2，工程上常采用泊（P）或厘泊（cP）。它们之间的换算关系为：

$$1P = 0.1Pa \cdot s$$

$$1cP = 0.001Pa \cdot s$$

运动黏度 v 是润滑油的动力黏度 η 与同温度下密度 ρ 的比值：

$$v = \eta / \rho \qquad (2-10)$$

运动黏度的国际单位是 m^2/s，工程上常用斯（St）和厘斯（cSt）。换算关系为：

$$1St = 1cm^2/s = 0.0001m^2/s$$

$$1cSt = 0.01St = 1mm^2/s$$

（2）倾点

倾点反映润滑油的低温流动性能。倾点是指在规定条件下，被冷却了的试油开始连续流动时的最低温度。倾点低，则润滑油的低温流动性好。

（3）闪点

闪点是指在规定条件下，加热油品逸出的蒸气和空气组成的混合气体与火焰接触，发生瞬间闪火时的最低温度。闪点高，则油的安全性好。

（4）黏温特性

黏温特性是指润滑油的黏度随温度变化的特性，一般随着温度升高黏度降低。黏度随温度的变化小的润滑油的黏温特性好。

润滑油的性能指标还有黏压特性、油性、极压性等。常用的几种润滑油的主要性能和用途见表2-6。

表 2-6　润滑油的主要性能和用途

油的种类	牌号	运动黏度 $v/$（mm^2/s）		闪点/℃（开口）不低于	倾点/℃不高于	主要用途
		40℃	50℃			
全耗损系统用油（GB/T 433—1989）	15	13.5~16.5	—	165	-15	牌号 15、22、32 用于一般滑动轴承；牌号 46、68 用于重型机床导轨；牌号 100 用于矿山机械、冲压铸造等重型设备一般也用于齿轮、蜗轮、链传动和滚动轴承
	22	19.8~24.2	—	170	-15	
	32	28.8~35.2	—	170	-15	
	46	41.4~50.6	—	180	-10	
	68	61.2~74.8	—	190	-10	
	100	90.0~110	—	210	0	

油的种类	牌号	运动黏度 v / （mm^2/s）		闪点/℃ （开口） 不低于	倾点/℃ 不高于	主要用途
		40℃	50℃			
中负荷工业 齿轮油 （GB 5903—2011）	68	61.2~74.8	—	170	−8	工业设备齿轮
	100	90.0~110	—	170	−8	
	150	135~165	—	170	−8	
	220	198~242	—	200	−8	
	320	288~352	—	200	−8	
	460	414~506	—	200	−8	
	680	612~748	—	200	−8	
汽轮机油 （GB 537—1988）	HU−20	—	18~22	180	−15	用于汽轮机、水轮机、发电机、大中型鼓风机、压缩机等高速重载轴承的润滑及各种小型液体摩擦轴承
	HU−30	—	28~32	180	−10	
	HU−40	—	37~43	180	−10	
	HU−45	—	43~47	195	−10	
	HU−55	—	53~57	195	−5	
蜗轮蜗杆油 （SH/T 0094—1991）	220	198~242	—	200	−12	各种蜗轮蜗杆传动
	320	288~352	—	200	−12	
	460	414~506	—	220	−12	
	680	612~748	—	220	−12	
	100	900~1100	—	220	12	

2. 润滑脂的主要性能指标

润滑脂是基础润滑油加稠化剂稠化成膏状半固体的润滑剂。其主要性能指标如下：

（1）锥入度（或稠度）

锥入度是指把一个重量为150g的标准锥体，在25℃恒温下，置于润滑脂表面经5s压下的深度（以0.1mm计）。它表示润滑脂内阻力的大小和流动的强弱。

（2）滴点

滴点是指在规定的加热条件下，从标准的测量杯孔口滴下第一滴油时的温度。它反映润滑脂的耐高温能力。

润滑脂的性能指标还有油性和极压性能等。常用润滑脂的性质和用途见表 2-7。

表 2-7 常用润滑脂的性质和用途

种类	代号	滴点/℃ 不低于	工作锥入度 （25℃ 1502） 0.1mm	主要用途
钠基润滑脂	3	160	265~295	工作温度在 -10~110℃ 的中负荷机械设备轴承的润滑；不耐水或潮湿
	3	160	220~250	
通用锂基润滑脂	ZL-1	170	310~340	适用于工作温度在 -20~120℃ 范围内各种机械的滚动轴承、滑动轴承及其他摩擦部位的润滑
	ZL-2	175	265~295	
	ZL-3	180	220~250	
滚动轴承润滑脂	ZGN69-2	120	250~290 -40℃时为 30	机车、汽车、电动机及其他机械的滚动轴承的润滑
石墨钙基润滑脂	ZG-S	80	—	人字齿轮、挖掘机底盘齿轮、起重机、矿山机械、绞车钢丝绳等高负荷、高压力、低速度的粗糙机械的润滑及一般开式齿轮的润滑；耐潮湿

3. 添加剂

添加剂可以使润滑油的性能发生根本性的变化。添加剂可分为两类：一类影响润滑油的物理性能，如降凝剂、增黏剂等；另一类影响润滑油的化学性能，如抗氧剂、油性剂等。不同的添加剂可分别起到提高承载能力、降低摩擦和减少磨损的作用。常用添加剂及其作用见表 2-8。

表 2-8　常用添加剂及其作用

作用	添加剂	说明
油性添加剂	脂肪、脂肪油、脂肪酸、油酸	加入量 1% ~ 3%
抗磨与极压添加剂	磷酸三甲酚酯，环烷酸铅，含硫、磷、氯的油与石蜡，二硫化钼，菜籽油，铅皂	加入量 0.1% ~ 5%
抗氧化添加剂	二硫代磷酸锌、硫化烯烃、酚胺	加入量 0.25% ~ 5%
抗腐蚀添加剂	2，6-二叔丁基对甲酚、N-苯基萘胺	
清净分散剂	石油磺酸钙（或钡）、磷酸酯、酚酯、水杨酸脂、聚酰亚胺、聚酯	将氧化沉积物分散悬浮于油中，以减轻磨损和延长油的使用寿命，加入量 0.5% ~ 1.0%
防锈剂	石油磺酸钙（或钡与钠）、二硫代磷酸酯、二硫代碳酸酯、羊毛脂	—
降凝剂	聚甲基丙烯酸酯、聚丙烯酰胺、石蜡烷化酚	加入量 0.1% ~ 10%，低温工作的润滑油使用
增黏剂	聚异丁烯、聚丙烯酸酯	改善油的黏温特性，使适应较大的工作温度范围，加入量 3% ~ 10%
消泡沫剂	硅酮、有机聚合物	—

注：表中所列的加入量仅供参考，具体加入量应通过试验确定。

（四）润滑

1. 润滑的目的和作用

润滑是指加润滑剂（润滑油、润滑脂等）到相互接触工作的零件表面之间，并予以持续保持的技术措施。润滑的目的和作用是减小摩擦、避免或减缓磨损、延长零件使用寿命和提高机械使用性能。此外，还有降低摩擦因数、保证传动效率、降低功耗、控制机械工作温度、冷却、防锈、防腐蚀、清洁、缓冲减震、密封、降低或控制噪声的多方面作用。

2. 润滑方法

使用润滑油润滑时，润滑方法如下：

①滴油润滑。常用针阀油杯、油芯油杯，两者均能连续滴油润滑，区别是针

阀油杯可在停车的同时停止供油，而油芯油杯在停车时仍继续滴油。

②浸油润滑（油浴润滑）。中低速运转零件的下部浸入润滑油池中带油到润滑部位。

③油环润滑。把油环套在轴颈上，轴颈转动带动油环，油环带油到轴颈表面润滑。

④飞溅润滑。利用转动件等将润滑油溅成油星用以润滑。例如齿轮箱的轴承润滑，可利用齿轮带油飞溅，油星经油沟收集输送并润滑轴承。

⑤压力喷油润滑。对高速、重要的零件，可采用压力循环喷油，压力油经油嘴直接喷射在润滑部位。

⑥油雾润滑。利用压缩风的能量将液态的润滑油雾化成 $1\sim3\mu m$ 的小颗粒，悬浮在压缩风中形成一种气液两相混合体——油雾，经过传输管路和喷嘴输送到各个润滑部位，用于大面积、多润滑点的场合。其缺点是排出的气体对人身和环境有害。

⑦油气润滑。润滑剂在压缩空气的吹动作用下沿着输送管壁波浪形向前运动，并以与压缩空气分离的连续精细油滴流喷射到润滑部位，用于多润滑点的场合。

压力喷油润滑、油雾润滑、油气润滑均需要配置一套升压、输送、喷射装置。使用润滑脂润滑时，因只能间歇供应润滑脂，旋盖式油脂杯是应用最广的脂润滑装置，也可用油枪向润滑部位压充润滑脂。

第二节　机械加工工艺规程设计

一、工艺规程的基本概念

（一）机械加工工艺过程的组成

一个零件的加工工艺过程往往比较复杂，根据它的技术要求和特点，在不同的生产条件下，通常采用不同的加工方法和设备，通过一系列的加工步骤，才能使毛坯变为零件。为便于分析描述这些过程，需要对这一系列加工步骤组成的不同单元形式给予科学定义。

1. 工序

一个工人或一组工人，在一个工作地对同一工件或同时对几个工件所连续完成的那一部分工艺过程，称为工序。

工序是工艺过程的基本组成部分，也是制订生产计划和进行成本核算的基本单元。其中，工作地、工人、零件种类和连续作业是构成工序的四个要素，通常只要其中任一要素发生变化，即构成新的工序。零件毛坯依次通过这些工序，就被加工成达到图样规定要求的零件。

机械零件的机械加工工艺过程由若干工序组成，而每一个工序又可细分为安装、工位、工步和走刀。

如图 2-1 所示的阶梯轴，设毛坯为锻件，各表面都需要进行加工，且精度和表面粗糙度要求不高。若用一般机床加工，则根据其生产规模和车间条件的不同，应采用不同的加工方案。表 2-9 的加工方案适于单件小批量生产时采用。表 2-10 的加工方案适于大批量生产时采用（表中均未列出检验和热处理工序）。可见：

①同一个零件常因为加工数量的多少而由不同的工艺组成。

②工序是制定劳动定额、配备工人、安排计划及成本核算的基本单元。

③在一个工序内可以采用不同刀具及切削用量来加工不同的表面。

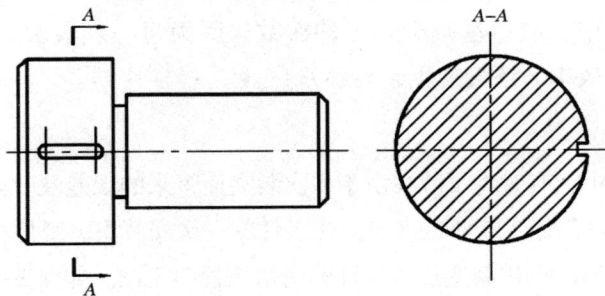

图 2-1　阶梯轴

表 2-9　阶梯轴单件小批量生产的工艺过程

工序号	工序内容	设备
1	车一端面，钻中心孔[①]；掉头，车另一端面，钻中心孔；车大外圆及倒角；掉头，车小外圆、切槽及倒角	车床
2	铣键槽、去毛刺	铣床

注：①中心孔为加工需要。

表 2-10　阶梯轴大批量生产的工艺过程

工序号	工序内容	设备
1	铣两端面，钻两端中心孔①	铣端面钻中心孔机床
2	车大外圆及倒角	车床 I
3	车小外圆、切槽及倒角	车床 II
4	铣键槽	专用铣床
5	去毛刺	钳工台

注：①中心孔为加工需要。

在实际加工中，对每道工序都应该有一个简单的用来表示这道工序所要达到的加工要求的工序简图。工序简图除了表达本工序要达到的加工精度外，还要反映本工序工件的安装情况。

2. 安装

在一道工序中，工件可能被装夹一次或多次，才能完成加工。工件每经一次装夹后所完成的那部分工序内容称为安装。表 2-9 的工序 1，是由三次安装组成的，而表 2-10 的每道工序都是一次安装。

工件在加工中，应尽量减少装夹的次数。因为每一次装夹，都需要装夹时间，不仅降低了效率，还会产生装夹误差。

3. 工位

在同一工序中，有时为了减少由于多次装夹而带来的误差及时间损失，往往采用移动夹具、转位工作台或转位夹具。在工件的一次安装中，工件相对于机床（或刀具）每次所占据的机械制造技术基础的确切位置叫工位。如图 2-2 所示，在钻床上可以将工件的钻、扩、铰三种加工方法在一个回转工作台上一次完成。

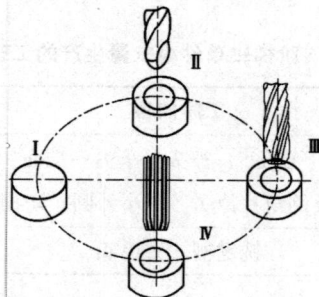

工位 I. 装卸工件；工位 II. 钻孔；工位 III. 扩孔；工位 IV. 铰孔

图 2-2　钻床的多工位工序

如图 2-3 所示，在转塔车床的可转位刀架及四方刀架作用下可完成回转零件的车、钻、扩、切槽、铰孔、倒角等多个加工内容。

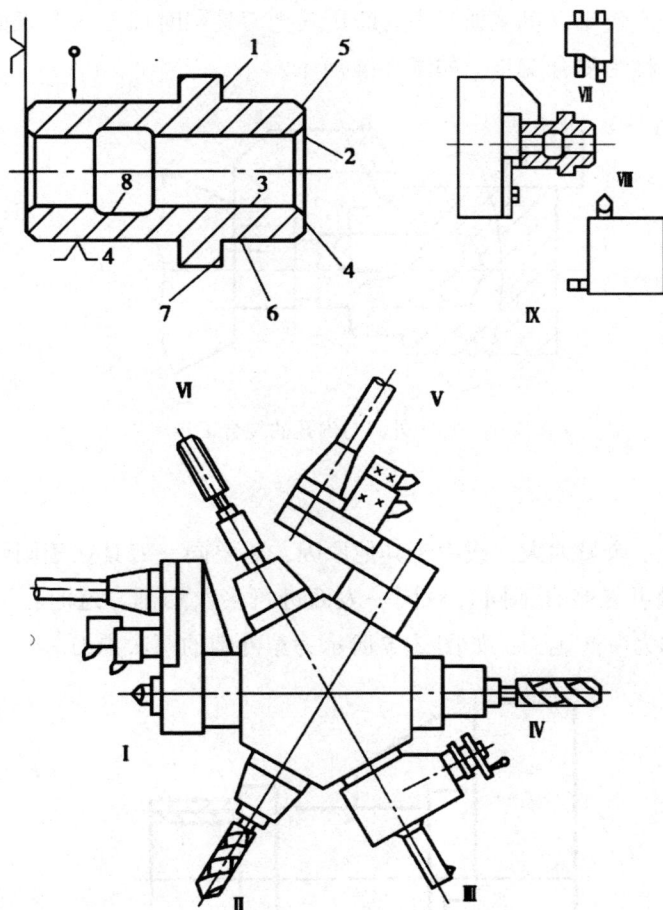

工位 Ⅰ. 粗车 6、7 钻中心孔；工位 Ⅱ. 钻孔 3；工位 Ⅲ. 挖槽 8 倒内角；工位 Ⅳ. 扩孔 3；

工位 Ⅴ. 精车 6、7；工位 Ⅵ. 铰孔 3；工位 Ⅶ. 车端面 1、4；工位 Ⅷ. 倒角 2、5；工位 Ⅸ. 切空刀槽

图 2-3 转塔车床的多工位工序

采用多工位加工，可以提高生产率和保证被加工表面间的相互位置精度。

4. 工步

工步是在加工表面、切削刀具和切削用量（仅指机床主轴转速和进给量）都不变的情况下所完成的那一部分工艺过程。一个工序（或一次安装或一个工位）中可能需要加工若干个表面；也可能只加工一个表面，但要用若干把不同的刀具轮流加工；或只用一把刀具但要在加工表面上切多次，而每次切削所选用的

切削用量不全相同。上述三个要素中（加工表面、切削刀具和切削用量）只要有一个要素改变了，就不能认为是同一个工步。

为了提高生产效率，机械加工中有时用几把刀具同时加工几个表面，这被看作是一个工步，称为复合工步，如图 2-4 所示。

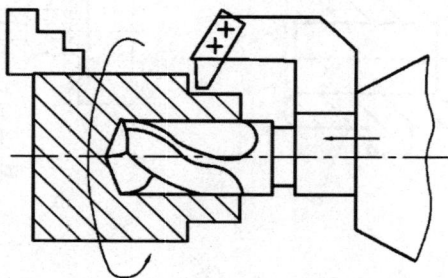

图 2-4　加工外圆与内孔的复合工步

5. 走刀

有些工步由于余量太大，或由于其他原因，需要同一刀具在相同转速和进给量下（背吃刀量可能略有不同）对同一表面进行多次切削。这时，刀具对工件的每一次切削称为一次走刀，如图 2-5 所示为车外圆的两次走刀。

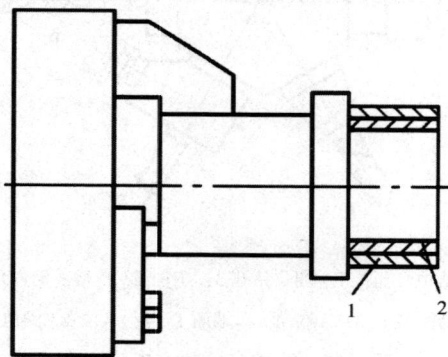

图 2-5　车外圆走刀示意图

综上分析可知，工艺过程的组成是很复杂的。一个产品的工艺过程由许多工序组成，一个工序可能有几次安装，一个安装可能有几个工位，一个工位可能有几个工步，等等。

（二）产品的生产纲领和生产类型

机械产品的制造过程是一个复杂过程，需要经过一系列的加工过程和装配过程才能完成。尽管各种机械产品的结构、精度要求等相差很大，但它们的制造工艺存在许多共同的特征，这些共同的特征取决于产品的生产纲领和生产类型。

1. 生产纲领

生产纲领是企业根据市场需求和自身的生产能力决定的在计划期内应当生产产品的产量和进度计划。计划期常定为一年，所以生产纲领也常称为年产量。

从市场的角度来看，产品的生产纲领取决于市场对该产品的需求、企业在市场上所能占有的份额，以及该产品在市场上的销售和产品的生命周期。

零件的生产纲领是根据产品的生产纲领、零件在该产品中的数量，并考虑备品和废品的数量而确定的。其可按式（2-11）计算：

$$N = Qn(1 + \alpha + \beta) \tag{2-11}$$

式中：N——零件的年产量（件/年）；

Q——产品的年产量（台/年）；

n——每台产品中，该零件的数量（件/台）；

α——备品率（%）；

β——废品率（%）。

2. 生产类型

生产类型（生产组织管理类型的简称）是企业（或车间、工段、班组、工作地）生产专业化程度的分类。划分生产类型的根据是加工零件的生产纲领和零件本身的特性（轻重、大小、结构复杂程度、精密程度等）。通常将零件的生产类型划分为单件生产、大量生产和成批生产三种。

产品种类很多，同一种产品的数量不多，生产很少重复，此种生产称为单件生产；产品的品种较少，数量很大，每台设备经常重复地进行某一工件的某一工序的生产，此种生产称为大量生产；成批地制造相同零件的生产，称为成批生产。生产批量是指每一次投入或产出的同一种产品（或零件）的数量；一年中的生产批数，须根据零件的特征、流动资金的周转速度、仓库容量等具体情况确定。按照批量多少和被加工零件自身的特性，成批生产又可进一步划分为小批生产、中批生产、大批大量生产。

①小批生产是指制造的产品数量不多，生产中各个工作地的加工对象经常发生改变，而且很少重复或不定期重复地生产。如新产品的试制、专用设备的制造等。在小批生产时，其生产组织的特点是能适应产品品种的灵活多变。

②中批生产是指产品以一定的生产批量成批地投入生产，并按一定的时间间隔周期性地重复生产。如机床、机车、电机和纺织机械的制造等。在中批生产中采用通用设备和专业设备相结合，以保证其生产组织满足一定的灵活性和生产率的要求。

③大批大量生产是指产品的产量很大，大多数工作地按照一定的生产节拍（在流水生产中，相继完成两件制品之间的时间间隔）长期进行某种零件的某一工序的重复加工。如标准件、汽车、拖拉机、自行车、缝纫机和手表的制造等。在大批大量生产时，广泛采用自动化专用设备，按工艺顺序进行自动线或流水线方式组织生产，生产组织形式的灵活性较差。

生产类型的具体划分可根据生产纲领和零件的特征或工作地每月担负的工序数来确定。各种生产类型的划分见表 2-11。

表 2-11　各种生产类型的划分

生产类型	生产纲领/（台·年$^{-1}$）或/（件·年$^{-1}$）			工作地担负的/（工序数·月$^{-1}$）
	小型机械或轻型零件	中小型机械或中型零件	重型机械或重型零件	
单件生产	≤100	≤10	≤5	不做规定
小批生产	101~500	11~150	6~100	20~40
中批生产	501~5000	151~500	101~300	10~20
大批生产	5001~50000	501~5000	301~1000	1~10
大量生产	>50000	>5000	>1000	1

注：小型机械、中型机械和重型机械可分别以缝纫机、机床和轧钢机为代表。

根据上述划分生产类型的方法可以发现，同一企业或车间可能同时存在几种生产类型的生产。判断企业或车间的生产类型，应根据企业或车间中占主导地位的工艺过程的性质确定。不同生产类型的工艺特征见表 2-12。

表 2-12　不同生产类型的工艺特征

工艺特征	生产类型		
	小批生产	中批生产	大批大量生产
零件的互换性	用修配法，钳工修配，缺乏互换性	大部分具有互换性。装配精度要求高时，灵活运用分组装配法和调整法，同时还保留某些修配法	具有广泛的互换性。少数装配精度较高处，采用分组装配法和调整法
毛坯的制造方法与加工余量	木模手工造型或自由锻造。毛坯精度低，加工余量大	部分采用金属模铸造或模锻。毛坯精度和加工余量中等	广泛采用金属模造型、模锻或其他高效方法。毛坯精度高加工余量小
机床设备及其布置形式	通用机床。按机床类别采用机群式布置	部分通用机床。按工件类别分工段排列设备	广泛采用高效专用机床及自动机床。按流水线和自动线排列设备
工艺装备	大多采用通用夹具、标准附件、通用刀具和万能量具，靠画线和试切法达到精度要求	广泛采用夹具，部分靠找正装夹达到精度要求。较多采用专用刀具和量具	广泛采用专用高效夹具、复合刀具、专用量具或自动检验装置。靠调整法达到精度要求
对工人技术要求	需技术水平较高的工人	需一定技术水平的工人	对调整工的技术水平要求高，对操作工的技术水平要求较低
工艺文件	有工艺过程卡，关键工序要有工序卡	有工艺过程卡，关键零件要有工序卡	有工艺过程卡和工序卡，关键工序要有调整卡和检验卡
成本	较高	中等	较低

二、机械加工工艺规程的制定

（一）零件的结构工艺性分析和技术要求分析

零件图是制定机械加工工艺规程最主要的原始资料。在制定工艺规程时，首先必须对零件图进行认真分析。其次，为了更深刻理解零件结构上的特征和技术要求，通常还需要研究产品的总装配图、部件装配图以及验收标准，从中了解零件的功用和相关零件的配合，以及主要技术要求制定的依据等。

1. 零件的结构工艺性分析

零件的结构工艺性，是指所设计的零件在能满足使用要求的前提下制造的可行性和经济性。它包括零件的整个工艺过程的工艺性，涉及的面很广，具有综合性。在不同的生产类型和生产条件下，同样的结构，制造的可能性和经济性都可能不同，因此必须根据具体的生产类型和现有的生产条件，全面、具体、综合地分析其结构工艺性。

2. 零件的技术要求分析

零件的技术要求通常包括以下五个方面。

①加工表面的尺寸精度。

②形状精度。

③相互位置精度。

④表面粗糙度与表面质量方面的要求。

⑤热处理要求及其他要求（如动平衡等）。

分析零件技术要求的目的：一是要找出零件的主要表面（精度要求较高的面），决定主要表面的加工方法，应采取什么工艺措施。二是检查技术要求的合理性。例如，发现零件图样上的视图、尺寸标注、技术要求有错误或遗漏，或结构工艺性不好时，应提出修改意见。但修改时必须征得产品零件的设计人员的同意，并经过一定的审批手续。

（二）工件的定位与安装

1. 基准的概念与分类

用来确定生产对象几何要素间几何关系所依据的点、线、面，称为基准。基准可分为设计基准和工艺基准两大类。

（1）设计基准，是指设计图样上为表达设计者意图而标注设计对象的尺寸所依据的基准。

（2）工艺基准，是指机械制造工艺过程的各阶段中所使用的基准。工艺基准又可分为工序基准、定位基准、测量基准和装配基准等。

①工序基准，是指在工序对象图上用以标注本工序被加工表面加工后的尺寸、形状、位置的基准。其所标注的加工面位置尺寸称为工序尺寸。

②定位基准，是指在加工过程中，用于确定工件在机床或夹具上的位置的基

准。它是工件上与夹具定位元件直接接触的点、线或面。

③测量基准，是指工件在加工中或加工后，用于测量已加工表面的尺寸和形位误差及各表面之间位置精度的基准。

④装配基准，是指实施装配工艺时用来确定零件或部件在产品中相对位置所依据的基准。

上述各种基准应尽可能使之重合。在设计机器零件时，应尽量选用装配基准作为设计基准；在编制零件的加工工艺规程时，应尽量选用设计基准作为工序基准；在加工及测量工作时，应尽量选用工序基准作为定位基准及测量基准，以消除由基准不重合引起的误差。

2. 定位基准的选择

在零件加工过程中，合理选择定位基准对保证零件加工质量起着决定性的作用。

定位基准分粗基准和精基准两种。以毛坯上未加工的表面做定位基准的为粗基准。经过机械加工的表面做定位基准的为精基准。在选择定位基准时一般是先根据零件的加工要求选择精基准，然后再逆推考虑选用哪一组表面做粗基准才能把精基准加工出来。

（1）粗基准的选择

粗基准选择得正确与否，不但与第一道工序的加工有关，而且将对该工件加工的全过程产生重大影响。选择粗基准时，要求保证各加工面有足够的余量，使加工面与不加工面间的位置符合图样要求，并特别注意要尽快获得精基准面。

①应尽量选择不加工表面为粗基准。工件的不加工表面一般有较高的形状精度与表面质量，这样可保证不加工表面与加工表面之间的相对位置要求。

②粗基准的选择应合理分配加工余量。这样可以保证各加工表面都有足够的加工余量，并且使工件上各加工表面总的金属切除量最小；对某些重要的表面，尽量使其加工余量均匀，对导轨面要求加工余量尽可能小一些，以便能获得硬度和耐磨性更好的表面。

③粗基准要便于装夹。为使工件定位稳定，夹紧可靠，要求所选用尽量平整，没有浇口、冒口或飞边等其他表面缺陷，并有足够的支承面积的表面作为粗基准。

④同一尺寸方向上的粗基准表面只能使用一次。因为毛坯面粗糙且精度低，定位精度不高，若重复使用，在两次装夹中会使加工表面产生较大的位置误差。如图 2-6 所示，如果均以不加工表面 B 作为粗基准车削轴的两端外圆 A、C，则无法保证外圆 A、C 的同轴度要求。

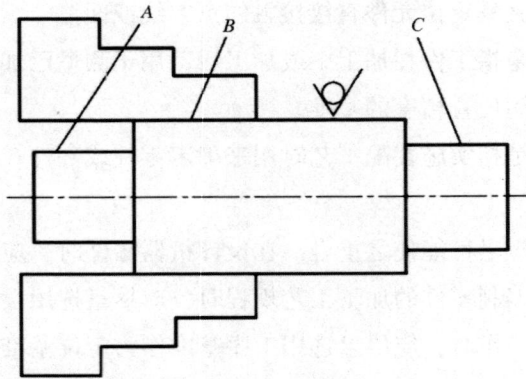

图 2-6　粗基准不得重复使用

（2）精基准的选择

选择精基准的目的是使装夹方便正确可靠，以保证加工精度。一般遵循如下原则。

①基准重合原则。应尽量选择零件上的设计基准作为工序加工的定位基准，即为"基准重合"的原则。

在对加工面位置尺寸和位置关系有决定性影响的工序中，特别是当位置公差要求较严时，一般不应违反这一原则。另外，在最后精加工时，为保证精度，更应该注意这个原则。这样可以避免因基准不重合而引起的定位误差。

②基准统一原则。在工件的加工过程中应尽可能采用统一的一组定位基准来加工工件上尽可能多的表面，即为基准统一的原则。

采用基准统一原则，首先可以保证所加工的各个表面之间具有正确的相对位置关系；其次简化了工艺过程，使各工序所用夹具比较统一，从而减少了设计和制造夹具的时间及费用；再次可减少基准转换可能带来的误差，有利于保证加工精度；最后可在一次装夹中加工出较多的表面，提高生产率。

③互为基准原则。当对工件上两个相互位置精度要求较高的表面进行加工时，需要用两个表面互相作为基准，反复进行加工，即为"互为基准"的原则。

加工精密齿轮时，通常是在齿面淬硬以后再磨齿面及内孔，因齿面淬硬层较薄，磨削余量应力求小而均匀，因此须先以齿面为基准磨内孔，然后再以内孔为基准磨齿面。这样加工，不但可以做到磨齿余量小而均匀，而且能保证轮齿基圆对内孔有较高的同轴度。

④自为基准原则。对工件上的重要表面要求余量小且均匀的精加工，应尽量

选择加工表面本身作为精基准，但该表面与其他表面的位置精度由前道工序保证，即为"自为基准"的原则。

工件除以大孔中心和端面为定位基准外，还以被加工的小头孔中心为定位基准，用削边销定位。定位以后，在小头两侧用浮动平衡夹紧装置在原处夹紧。然后拔出定位插销，伸入镗杆对小头进行加工。如图 2-7 所示为镗削连杆小头孔时以本身作为精基准的夹具。

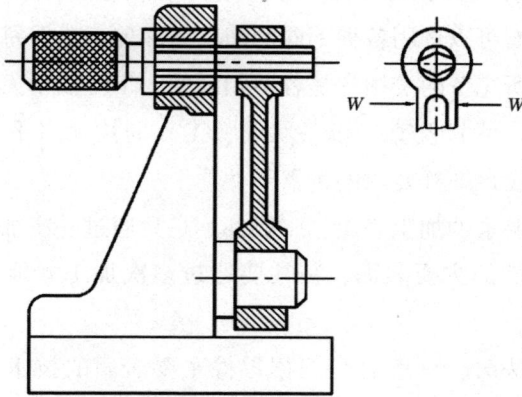

图 2-7　精基准镗削连杆小头孔

被加工工件（床身）1 通过楔铁 2 支承在工作台上，纵向移动工作台时，轻压在被加工导轨面上的百分表指针，能给出被加工导轨面相对于机床导轨的平行度值；根据此读数，操作工人调整工件 1 底部的 4 个楔铁 2，直至工作台带动工件纵向移动时百分表指针基本不动为止，然后将工件 1 夹紧在工作台上进行磨削。这也是一个以被加工表面自为基准的加工实例。如图 2-8 所示为在导轨磨床上磨削机床床身导轨表面的加工示意图。

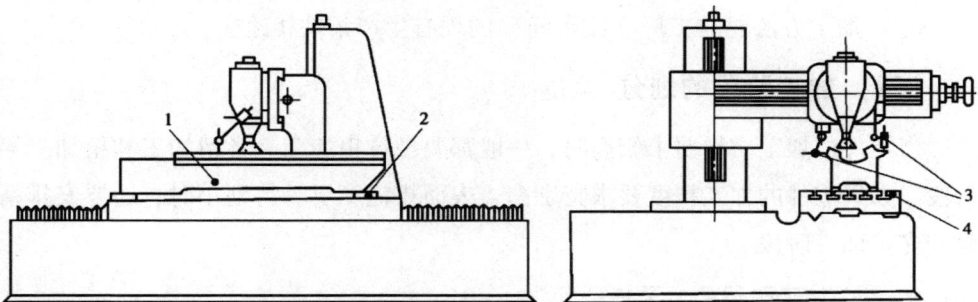

1. 工件（床身）；2. 楔铁；3. 百分表；4. 磨床工作台

图 2-8　导轨磨床上磨削机床床身导轨表面示意图

⑤工件定位准确、夹紧可靠、操作方便的原则。精基准应能保证工件定位准确、稳定、夹紧可靠。精基准应该是精度较高、表面粗糙度值较小、支承面积较大的表面。当用夹具装夹时，选择的精基准表面应使夹具结构简单、操作方便。

（三）表面加工方法的选择

机器零件的结构形状虽然多种多样，但它们都是由一些最基本的几何表面（外圆、孔、平面等）组成的，机器零件的加工过程实际就是获得这些几何表面的过程。同一种表面可以选用各种不同的加工方法加工，但每种加工方法的加工质量、加工时间和所花费的费用却是各不相同的。工程技术人员的任务，就是要根据具体加工条件（生产类型、设备状况、工人的技术水平等）选用最适当的加工方法，加工出满足图样要求的机器零件。

具有一定技术要求的加工表面，一般都不是只通过一次加工就能达到图样要求的，对于精密零件的主要表面，往往要通过多次加工才能逐步达到加工质量要求。

在选择加工方法时，一般总是根据零件主要表面的技术要求和工厂具体条件，先选定该表面最终工序的加工方法，然后逐一选定该表面各有关前导工序的加工方法。主要表面的加工方案和加工方法选定之后，再选定次要表面的加工方案和加工方法。通常要求如下。

（1）加工方法的经济精度和表面粗糙度要与零件加工表面的技术要求相适应。

（2）加工方法要与零件材料的切削加工性相适应。

（3）加工方法要与零件的结构形状相适应。

（4）加工方法要与零件的生产类型相适应。

（5）加工方法要与工厂（或车间）的现有生产条件相适应。

（四）加工阶段的划分

当零件的加工质量要求较高时，一般都要经过粗加工、半精加工和精加工等阶段。如果零件的加工精度要求特别高、表面粗糙度要求特别小时，还要安排精整和光整加工阶段。

1. 各个加工阶段的主要任务

（1）粗加工阶段：以效率为优先，工序目的是高效地切除加工表面上的大部分余量，使毛坯在形状和尺寸上接近成品零件。

（2）半精加工阶段：切除粗加工后留下的误差，使被加工工件达到一定精度，为精加工做准备，并完成一些次要表面的加工，如钻孔、攻螺纹、铣键槽等。

（3）精加工阶段：保证各主要表面达到零件图规定的加工质量要求。

（4）精整和光整加工阶段：对精度要求很高（IT5 以上）、表面粗糙度值要求很小（$Ra<0.2\mu m$）的表面，须安排精整和光整加工阶段。其主要任务是减小表面粗糙度和进一步提高尺寸精度和形状精度，但一般没有提高表面间位置精度的作用。

2. 划分加工阶段的主要目的

（1）保证零件加工质量。粗加工阶段要切除加工表面上的大部分余量，切削力和切削热量都比较大，装夹工件所需夹紧力亦较大，被加工工件会产生较大的受力变形和受热变形；此外，粗加工阶段从工件上切除大部分余量后，残存在工件中的内应力要重新分布，也会使工件产生变形。如果加工过程不划分阶段，把各个表面的粗、精加工工序混在一起交错进行，那么安排在工艺过程前期通过精加工工序获得的加工精度势必会被后续的粗加工工序所破坏，这是不合理的。加工过程划分为几个阶段以后，粗加工阶段产生的加工误差，可以通过半精加工和精加工阶段逐步予以修正。这样安排，零件的加工质量容易得到保证。

（2）有利于及早发现毛坯缺陷并得到及时处理。粗加工各表面后，由于切除了各加工表面的大部分加工余量，可及早发现毛坯的缺陷（气孔、砂眼、裂纹和加工余量不够），以便及时报废或修补，避免后续精加工工序的制造费用产生。

（3）有利于合理利用机床设备和工人组织生产。粗加工工序须选用功率大、精度不高的机床加工，精加工工序则应选用高精度机床加工。在高精度机床上安排做粗加工工作，机床精度会迅速下降，将某一表面的粗、精加工工作安排在同一机床上加工是不合理的。

（4）便于安排热处理工序，使冷、热加工工序配合得更好。热处理的方法和工艺很多，对零件不同加工阶段安排不同的热处理目的也不一样。

应当指出，将工艺过程划分为几个阶段进行是对整个加工过程而言的，不能拘泥于某一表面的加工，例如工件的定位基准，在半精加工阶段（有时甚至在粗加工阶段）中就需要加工得很精确；而在精加工阶段中安排某些钻、攻螺纹孔之类的粗加工工序也是常见的。

当然，划分加工阶段并不是绝对的。在高刚度高精度机床设备上加工刚性好、加工精度要求不特别高或加工余量不太大的工件，就可不必划分加工阶段。有些精度要求不太高的重型零件，由于运送工件和装夹工件费时费工，一般也不划分加工阶段，而是在一个工序中完成全部粗加工和精加工工作。

三、加工余量的计算

毛坯尺寸与零件尺寸越接近，毛坯的精度越高，加工余量就越小，虽然加工成本低，但毛坯的制造成本高。零件的加工精度越高，加工的次数越多，加工余量就越大。因此，加工余量的大小不仅与零件的精度有关，还要考虑毛坯的制造方法。

（一）加工余量分类的计算

用去除材料方法制造机器零件时，一般都要从毛坯上切除一层层材料之后才能制得符合图样规定要求的零件。加工余量是指加工过程中，从加工表面切除的金属层厚度。加工余量可分为工序加工余量和总余量。

1. 工序加工余量

工序加工余量是指某一表面在某一工序中所切去的材料层厚度，它取决于同一表面相邻工序尺寸之差，因此也称基本余量。单边加工余量如图 2-9 所示。

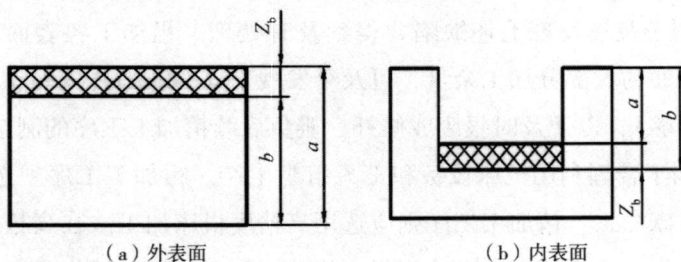

（a）外表面 　　　　（b）内表面

图 2-9　单边加工余量

对于外表面，见图 2-9（a）有：

$$Z_b = a - b \tag{2-12}$$

对于内表面，见图 2-9（b）有：

$$Z_b = b - a \tag{2-13}$$

式中：Z_b——本工序加工余量；

a——前工序基本尺寸；

b——本工序基本尺寸。

工序余量有单边余量和双边余量之分。通常平面加工属于单边余量，回转面（外圆、内孔等）和某些对称平面（键槽等）加工属于双边余量，双边余量各边余量等于工序余量的一半。

对轴：

$$Z_b = a - b \tag{2-14}$$

对孔：

$$Z_b = b - a \tag{2-15}$$

2. 总余量

总余量，是指零件从毛坯变为成品的整个加工过程中某一表面切除材料层的总厚度，即零件上同一表面毛坯尺寸与零件尺寸之差，即

$$Z_s = Z_1 + Z_2 + \cdots + Z_i + \cdots + Z_n \tag{2-16}$$

式中：Z_s——总余量；

Z_i——第 i 道工序加工余量；

n——总工序数。

在毛坯制造及各道工序的加工中，加工误差是不可避免的，因此毛坯尺寸、工序尺寸都有一个变动范围，即实际尺寸可在最大与最小极限尺寸之间变化，因而加工余量也产生了最大工序余量和最小工序余量。按零件的入体原则：

工序最大余量 Z_{max} =上工序的最大实体尺寸-本序的最小实体尺寸

工序最小余量 Z_{min} =上工序的最小实体尺寸-本序的最大实体尺寸

无论是加工外表面还是加工内表面，本工序余量公差总和都等于上工序和本工序两工序尺寸公差之和，即

$$T_Z = Z_{max} - Z_{min} = T_a + T_b \tag{2-17}$$

（二）影响加工余量大小的因素

加工余量主要取决于前一工序加工面（或毛坯面）的状态。为了保证本工序的加工精度，须将前一工序加工面（或毛坯面）的缺陷部分去除。因此，最小加工余量应包括以下内容。

（1）上一工序产生的表面粗糙度 R_a 及缺陷层 T_a。

如图 2-10 所示，零件随着加工工艺过程的进行，其精度、表面粗糙度及质量都将逐步提高。后续工序的任务就是要切除上一工序留下的误差、缺陷层，不断减少表面粗糙度值，因此上一工序留下的表面粗糙度值及缺陷层是本工序中必

须切除的部分。

（2）上一工序留下的尺寸公差和各表面间相互位置的空间形位误差 ρ_a。

（3）本工序的安装误差 ε_b：包括定位误差和夹紧误差，这项误差直接影响被加工面相对切削刀具的位置，因此也应包含在最小余量之中。

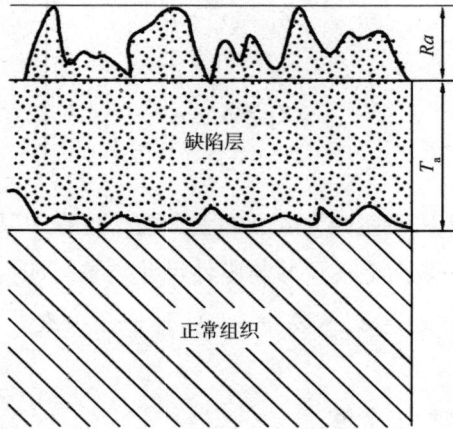

图 2-10　表面粗糙度与缺陷层

（三）确定加工余量的方法

1. 查表法

查取有关的工艺手册，如《金属机械加工工艺人员手册》等，查得的值即为基本余量。基本余量等于最小余量与上一工序尺寸公差之和，即基本余量中包含了上一工序尺寸公差，应用时须加以注意。

另外须注意，各种铸件、锻件的总余量已由有关国家标准给出，并由热加工工艺人员在毛坯图上标定。对圆棒料毛坯在选用标准直径的同时，总余量也就确定了。因此用查表法确定加工余量时，粗加工工序余量一般应由总余量减去后续各半精加工和精加工的工序余量之和求得。查表法在实际生产中比较实用，各工厂应用最多。

2. 经验法

由工艺人员根据经验估计各种加工方法的余量值。

为了防止工序余量不够而产生废品，所估余量一般偏大，所以此法常用于单件小批生产。首先，对毛坯总余量必须保证切除毛坯制造时的缺陷，如铸造毛坯时有氧化层、脱碳层、高低不平、气泡和裂纹等。铸铁毛坯顶面缺陷为 $1 \sim 6 \text{mm}$，底面和侧面为 $1 \sim 2 \text{mm}$；铸钢件缺陷比铸铁件深 $1 \sim 2 \text{mm}$；碳钢锻件缺陷为 $0.5 \sim 1 \text{mm}$。

其次是机械加工和热处理时所造成的误差。在估算余量时，必须考虑上述因素。

3. 计算法

采用计算法确定加工余量比较准确，但须掌握必要的统计资料；否则，较难进行。目前应用很少，有时在大批量生产中应用。

四、工艺尺寸链

（一）尺寸链特性

1. 定义

在零件的加工或测量过程中，以及在机器的设计或装配过程中，经常遇到一些互相联系的尺寸组合。这种互相联系的、按一定顺序首尾相接排列成封闭的尺寸组，称为尺寸链。其中，由单个零件在工艺过程中的有关尺寸所组成的尺寸链称为工艺尺寸链，在机器的设计和装配过程中，由有关的零（部）件上的有关尺寸所组成的尺寸链，称为装配尺寸链。

如图 2-11 所示，在机床上加工套筒工件时，面 3 以面 1 为测量基准，工序尺寸为 A_1；面 2 以面 3 为测量基准，工序尺寸为 A_2。在面 2、面 3 加工后，设计尺寸 A_0 间接得到保证，这时 A_0 的精度就取决于 A_1 和 A_2 的精度，三者构成一封闭尺寸组合，即工艺尺寸链。工艺尺寸链的类型很多，这里只讨论平面线性尺寸链。

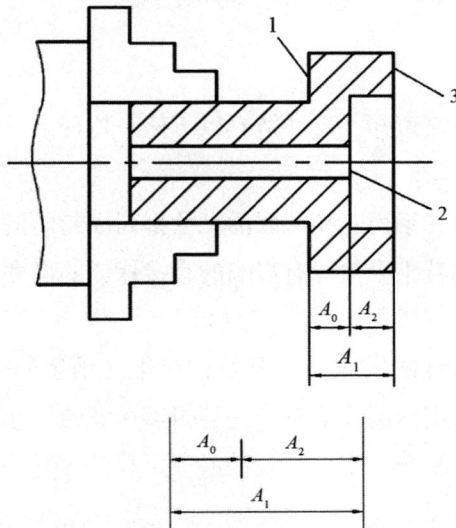

图 2-11 工艺尺寸链

在尺寸 A_2 孔中装入尺寸 A_1 的轴形成间隙（或过盈） A_0。间隙（或过盈） A_0 是尺寸 A_1 和 A_2 的装配结果，三者也构成一个封闭组合，即装配尺寸链。如图 2-12 所示。

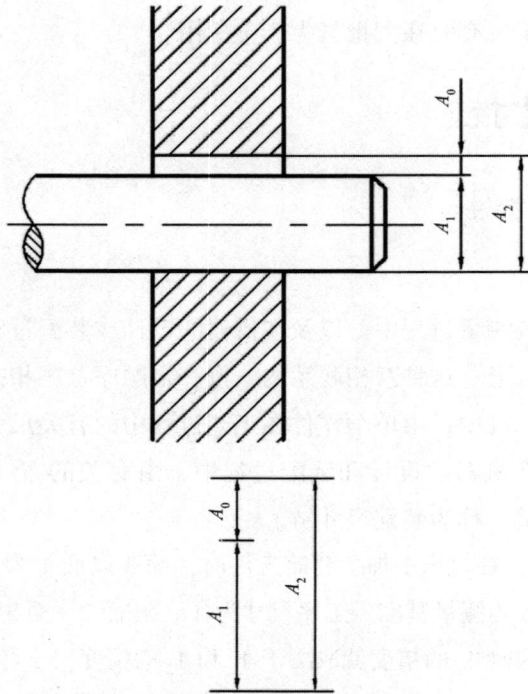

图 2-12　装配尺寸链

2. 尺寸链特征

根据以上尺寸链定义可知，尺寸链有以下两个特征。

（1）封闭性

尺寸链中，必须由一系列互相关联的尺寸排列成封闭的形式。其中，应包含一个间接保证的尺寸和若干个对此有影响的直接保证的尺寸。

（2）关联性

尺寸链中，间接保证的尺寸，其大小和变化（精度）受直接保证的尺寸精度所支配。它们具有特定的函数关系，并且间接保证的尺寸精度必然低于直接保证的尺寸精度。

3. 尺寸链的组成

组成尺寸链中各尺寸称为尺寸链的环。图 2-11、图 2-12 中的 A_1、A_2、A_0 都是尺寸链中的环。这些环按对尺寸链的影响又可分为以下两种。

（1）封闭环

尺寸链中最终或间接获得的尺寸称为封闭环。图 2-11 和图 2-12 中的 A_0 尺寸为封闭环。显然，在一个尺寸链中有且只有一个封闭环。

（2）组成环

尺寸链中除封闭环外其他的尺寸均为组成环。图 2-11 和图 2-12 中的 A_1 和 A_2 是组成环。组成环又可按对封闭环的影响性质分为以下两类。

①增环。当其余组成环不变，而这个环增大使封闭环也增大者，例如图 2-11 中的 A_1 环、图 2-12 中的 A_2 环为增环。为明确起见，可加标一个箭头如 $\overrightarrow{A_1}$、$\overrightarrow{A_2}$。

②减环。当其余组成环不变，而这个环增大使封闭环反而减小者，例如图 2-11 中 A_2 环、图 2-12 中的 A_1 环为减环。为明确起见，可加标一个反向的箭头如 $\overleftarrow{A_2}$、$\overleftarrow{A_1}$。

对环数较少的尺寸链，可以用增减环的定义来判别组成环的增减性质，但对环数较多的尺寸链，如图 2-13 所示，用定义来判别增减环就很费时且易弄错。为了能迅速准确地判别增减环，可在绘制尺寸链图时，用首尾相接的单向箭头顺序表示各环。方法为从封闭环开始任意规定一个方向，然后沿此方向，绕尺寸链依次给各组成环画出箭头。凡是与封闭环箭头方向相反者为增环，相同者为减环。如图 2-13 所示，$\overrightarrow{A_1}$、$\overrightarrow{A_3}$、$\overrightarrow{A_4}$、$\overrightarrow{A_5}$ 为增环，$\overleftarrow{A_2}$、$\overleftarrow{A_6}$ 为减环。

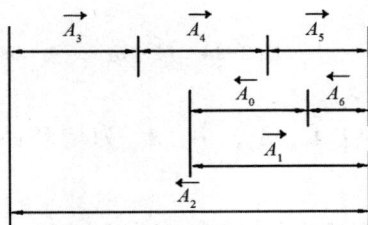

图 2-13　尺寸链增减环判别

（二）尺寸链的计算分类

根据已知条件的差异和计算目的的不同，尺寸链的计算形式主要有以下三类：

（1）正计算：如已知组成环的尺寸与极限偏差，求封闭环的尺寸与极限偏差。此类计算较简单，主要用于验证设计的正确性。

（2）反计算：如已知封闭环的尺寸与极限偏差，求组成环的尺寸与极限偏差。此类计算复杂，由于封闭环只有一个，而组成环有 $n-1$ 个，故需要对各组成环进行公差值的分配，主要用于设计。

（3）中间计算：如已知封闭环与一些组成环的尺寸和极限偏差，求某一组成环的尺寸和极限偏差。此类计算用于基准换算时工序尺寸及极限偏差的确定等工艺设计中。

尺寸链的计算方法有以下两种。

（1）极值法：又叫极大极小法，是利用增减环均处在最大极限尺寸或最小极限尺寸的情况下，求解封闭环的极限尺寸。

（2）概率法：应用概率和统计原理进行尺寸链计算的一种方法。

目前生产中一般采用极值法，概率法主要用于生产批量大的自动化及半自动化生产，以及环数较多的装配过程。

（三）尺寸链的基本计算公式

尺寸链如图 2-14 所示。

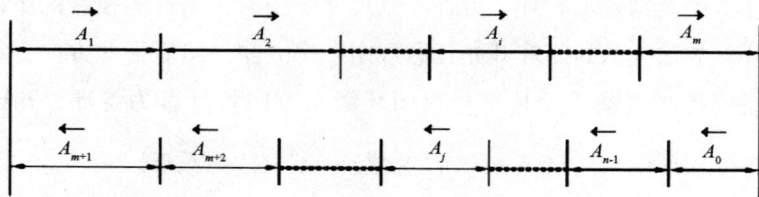

图 2-14　尺寸链

按增减环判别法判别：$\overrightarrow{A_1}$，$\overrightarrow{A_2}$，…，$\overrightarrow{A_m}$ 为增环；$\overleftarrow{A_{m+1}}$，$\overleftarrow{A_{m+2}}$，…，$\overleftarrow{A_{n-1}}$ 为减环。

极值法求解尺寸链常用的 6 个基本计算公式如下。

（1）封闭环的基本尺寸 A_0 等于所有增环的基本尺寸之和减去所有减环的基本尺寸之和，即

$$A_0 = \sum_{i=1}^{m} \overrightarrow{A_i} - \sum_{j=m+1}^{n-1} \overleftarrow{A_j} \tag{2-18}$$

（2）封闭环的最大极限尺寸 $A_{0\max}$ 等于所有增环的最大极限尺寸之和减去所有减环的最小极限尺寸之和，即

$$A_{0\max} = \sum_{i=1}^{m} \vec{A}_{i\max} - \sum_{j=m+1}^{n-1} \overleftarrow{A}_{j\min} \tag{2-19}$$

（3）闭环的最小极限尺寸 $A_{0\min}$ 等于所有增环的最小极限尺寸之和减去所有减环的最大极限尺寸之和，即

$$A_{0\min} = \sum_{i=1}^{m} \vec{A}_{i\min} - \sum_{j=m+1}^{n-1} \overleftarrow{A}_{j\max} \tag{2-20}$$

（4）封闭环的上偏差 ES_{A0} 等于所有增环的上偏差之和减去所有减环的下偏差之和，即

$$ES_{A0} = \sum_{i=1}^{m} ES_{\vec{A}_i} - \sum_{j=m+1}^{n-1} EI_{\overleftarrow{A}_j} \tag{2-21}$$

（5）封闭环的下偏差 EI_{A_0} 等于所有增环的下偏差之和减去所有减环的上偏差之和，即

$$EI_{A_0} = \sum_{i=1}^{m} EI_{\vec{A}_i} - \sum_{j=m+1}^{n-1} ES_{\overleftarrow{A}_j} \tag{2-22}$$

（6）封闭环的尺寸公差 T_{A_0} 等于所有组成环的尺寸公差之和，即

$$T_{A_0} = \sum_{i=1}^{n-1} T_{A_i} \tag{2-23}$$

由式（2-23）可知，封闭环的尺寸公差大于任何一个组成环的尺寸公差，因此在零件图上，一般是最不重要的环作为封闭环，但是零件图上的封闭环并不一定在加工过程中也是封闭环。在工艺过程中，封闭环是加工到最后自然形成的尺寸，两者应分清。当封闭环尺寸公差确定之后，组成环的环数越多，则每一组成环的尺寸公差越小，使加工困难，因此在装配中应尽量减少尺寸链的环数。这一原则称为"最短尺寸链原则"。

采用极值法解尺寸链可以用上述六个基本公式进行求解，在实际应用中化成竖式计算更为方便。方法是：第一行注明环、基本尺寸、上偏差、下偏差。第二行起填写增环、减环的基本尺寸，上下偏差，凡是增环的上下偏差，对应填写；凡是减环的上下偏差应对调位置，且在基本尺寸、上下偏差前加"负"号，最后一行对应填入封闭环尺寸及偏差，最后可求出竖式中各列增减环值的代数和等于封闭环的对应值即可。这种竖式对增环、减环的处理可归纳成口诀——"增环：上下偏差照抄；减环：上下偏差对调变号"。

计算结果按"入体方向"分布。工序尺寸公差带应单向分布，凡是相当于轴的工序尺寸，其上偏差为零；相当于孔的工序尺寸，其下偏差为零；相当于长度尺寸时，可按基轴制也可按基孔制分布。

第三节　机器装配工艺规程设计

一、机器装配的基本概念及主要内容

（一）机器装配的基本概念

根据规定的技术要求，将零件或部件进行配合和连接，使之成为半成品或成品的过程，称为装配。机器的装配是机器制造过程中的最后一个环节，它包括装配、调整、检验和试验等工作。装配过程使零件、套件、组件和部件间获得一定的相互位置关系，所以装配过程也是一种工艺过程。

机械装配是机械制造中最后决定机械产品质量的重要工艺过程。即使是全部合格的零件，如果装配不当，往往也不能形成质量合格的产品。简单的产品可由零件直接装配而成。复杂的产品则须先将若干零件装配成部件，称为部件装配；然后将若干部件和另一些零件装配成完整的产品，称为总装配。产品装配完成后需要进行各种检验和试验，以保证其装配质量和使用性能；有些重要的部件装配完成后还要进行测试。零件是构成机器（或产品）的最小单元，将若干个零件结合在一起，成为机器的某一部分，称为部件；把零件装配成部件的过程称为部装；把零件和部件装配成最终产品的过程，称为总装。

（二）机器装配的主要内容

机器装配工作的主要内容包括清洗，连接，校正、调整与配作、配制，平衡，验收试验。

1. 清洗

为了去除零件表面或部件中的油污及机械杂质，保证产品的量和延长使用寿命，装配前要进行零部件的清洗。常用的清洗方法有擦洗、浸洗、喷洗和超声波清洗等，常用的清洗液有煤油、汽油、碱液及各种化学清洗液等。

2. 连接

将两个或两个以上的零件结合在一起的工作，称为连接。连接的方式一般有两种：可拆卸连接和不可拆卸连接。

①可拆卸连接是指相互连接的零件拆卸时不受任何损坏，而且拆卸后能够重

新装配。常见的有螺纹连接、键连接、销钉连接等。

②不可拆卸连接是指相互连接的零件不可拆卸，若要拆卸则会损坏某些零件。常见的有焊接、铆接和过盈连接等。过盈连接大多应用于轴、孔的配合，可使用压入法、热胀法和冷缩配合法实现。

3. 校正、调整与配作

在产品装配过程中，特别是在单件小批生产条件下，为了保证装配精度，常须进行一些校正、调整和配作工作，这是因为完全靠零件精度来保证装配精度往往是不经济的，有时甚至是不可能的。

①校正是指产品中相关零部件相互位置的找正、找平，并通过各种调整方法达到装配精度。

②调整是指调节相关零部件的相互位置，除配合校正所做的调整外，还有各运动副间隙，如轴承间隙、导轨间隙、齿轮齿条间隙的调整等。

③配作是指配钻、配铰、配刮和配磨等在装配过程中所附加的一些钳工和机械加工工作，如连接两零件的销孔，就必须待两零件的相互位置找正后再一起钻销钉孔，然后打入定位销钉，这样才能确保其相互位置准确。

④配刮是指将配合面涂上红丹油，然后使运动副做相对运动，根据配合表面的接触情况将高点刮去，如此反复，直至达到要求。配刮可提高两结合面之间的接触精度和运动副的运动精度，有利于润滑油的储存，提高零件的耐磨性。因此，在机器的装配和修理中常用到配刮。但是，配刮生产率低，劳动强度大，应尽量"以刨代刮，以磨代刮"。

4. 平衡

对于转速高、运转平稳性要求较高的机器，为了防止其在使用中出现振动，装配时必须对有关旋转的零件进行平衡，必要时还要对整机进行平衡。

平衡有静平衡和动平衡两种方法：对于直径较大、长度较小的零件（如带轮和飞轮），一般只须进行静平衡；对于长度较大的零件（如电动机转子和机床主轴），则须进行动平衡。不平衡的质量可用以下方法实现平衡：

①加重法：用补焊、铆接、胶接或螺纹连接等方法加配质量。

②减重法：用钻、锉、铣、磨等加工方法去除部分质量。

③调节法：在预制的槽内改变平衡块的位置和数量（如砂轮的静平衡）。

5. 验收试验

机械产品装配完成后应根据其质量验收标准进行全面的验收试验，各项验收指标合格后才可涂装、包装、出厂。不同的机械产品，其验收技术标准也不同，验收试验的方法也就不同。

在长期的装配实践中，人们根据不同的机器、不同的生产类型和条件，创造了许多巧妙的装配工艺方法。这些保证装配精度的工艺方法，可以归纳为 4 种：完全互换法、分级选配法、修配法和调节法。

（1）完全互换法

完全互换法是一种装配方法，其中各个零件在装配时无需进行选择、调整或修理，直接达到装配精度要求。这种方法的核心在于零件的制造精度，确保每个零件都能互换使用，从而达到装配精度要求。

完全互换法的优点包括：

①装配过程简单：不需要对零件进行选择、调整或修理，简化了装配流程。

②生产率高：由于装配过程简单，可以提高生产效率。

③对工人技术水平要求低：不需要高技能的工人进行装配。

④便于组织流水作业和实现自动化装配：有利于大规模生产。

⑤成本低：容易实现零部件的专业协作，便于备件供应及机械维修。

（2）分级选配法

保证装配精度的分级选配法主要包括直接选配法、分组选配法和复合选配法。这些方法都是在装配时选择合适的零件进行装配，以保证规定的装配精度要求。

①直接选配法是在装配过程中直接选择满足精度要求的零件进行装配。这种方法适用于零件数量较少且精度要求较高的场合。

②分组选配法是将零件按照尺寸进行分组，每组内的零件尺寸差异较小，然后从不同组中选择合适的零件进行装配。这种方法适用于零件数量较多且精度要求较高的场合。

③复合选配法结合了直接选配法和分组选配法的特点，通过先进行分组再进行选配，以确保装配精度。这种方法适用于复杂结构和高精度要求的装配。

这些分级选配法的共同特点是通过选择合适的零件来保证装配精度，避免了高精度零件的制造困难和成本高的问题。同时，这些方法也考虑了零件的尺寸和形状差异，通过合理的分组和选配，确保装配后的产品达到预期的精度要求。

（3）修配法

保证装配精度的修配法主要适用于单件小批生产。这种方法通过在装配时改变尺寸链中某一预定组成环的尺寸或修整预修面来达到装配精度要求。

修配法的具体实施步骤包括：在装配时根据实际测量的结果，改变尺寸链中某一预定组成环的尺寸或修整预修面，使封闭环达到规定精度。由于修配法需要增加一道修配工序，通常由技术熟练的工人完成，因此适用于单件、成批生产中装配那些组成环较多且装配精度要求较高的部件。

（4）调节法

保证装配精度的调节法主要包括调整装配法。调整装配法是通过改变可调整零件的相对位置或选用合适的调整件来达到装配精度的方法。根据调整件的不同，调整装配法又可分为可动调整装配法和固定调整装配法。调整装配法的优点是零件可以按加工经济精度确定公差，且能获得很高的装配精度。

此外，保证装配精度的其他方法还包括互换装配法、选择装配法和修配装配法。互换装配法是通过控制零部件的加工误差来保证装配精度，适用于成批或大量生产中装配精度要求不高、组成件不多的场合。选择装配法则是将配合件中的公差放大，通过选择合适的零件进行装配，适用于成批或大量生产中装配精度要求高、组成环数少的场合。修配装配法是在装配尺寸链中选定一个零件作为修配环，通过修去修配环上的预留修配量来达到装配精度，适用于单件或小批生产。

二、装配工艺规程

（一）装配工艺规程的定义

用图表的形式将装配工艺过程规定下来，并成为指导性的技术文件叫装配工艺规程。

装配工艺规程是规定产品或部件装配工艺规程和操作方法等的工艺文件，是制订装配计划和技术准备、指导装配工作和处理装配工作问题的重要依据，也是设计或改建装配车间的基本文件。它对保证装配质量，提高装配生产效率，降低成本和减轻工人劳动强度等都有积极的作用。

对于大型复杂的产品，在研制阶段一般要制定装配工艺规程。对于特殊性产品如涉及爆炸压力等，也要制定工艺规程。有了装配工艺规程，工人就可以避免装错、装反，导致事故或延期。涉及使用工装检具的，也可以在工艺规程中得到体现并指导装配。

每个企业都有固定格式的装配工艺规程，并且对填写要求有严格的规定。不同的企业装配工艺规程的格式虽然不尽相同，但内容大同小异。

（二）制定装配工艺规程的原则和原始资料

1. 制定装配工艺规程的原则

制定装配工艺规程的原则包括以下内容：

①保证产品装配质量。

②选择合理的装配方法，综合考虑加工和装配的整体效益。

③合理安排装配顺序和工序，尽量减少钳工手工装配工作量，缩短装配周期，提高装配效率。

④尽量减少装配占地面积，提高单位面积生产率，改善劳动条件。

⑤注意采用和发展新工艺、新技术。

2. 制定装配工艺规程所需原始资料

制定装配工艺规程所需原始资料包括以下内容：

（1）产品的装配图及验收技术标准

装配图既要有 2D 图，还要有 3D 图。通过装配图可以看清楚各零部件的装配关系，零件的配合制、配合性质、配合精度，产品长、宽、高最大尺寸，零件数量、材料与技术要求等。

不同的客户验收标准也不一样，从设计到制造都要执行客户标准。

（2）产品的生产纲领和生产类型

产品的生产纲领和生产类型不同，装配的组织形式、装配方法、工艺装备等都不同。各种生产类型装配工作的特点，如表 2-13 所示。

表 2-13　各种生产类型装配工作的特点

生产类型	大批大量生产	成批生产	单件小批生产
基本特征	产品固定，生产活动长期重复，生产周期一般较短	产品在系列化范围内变动，分批交替投产或多品种同时投产，生产活动一定时期内重复	产品经常变换，不定期重复生产，生产周期一般较长

生产类型		大批大量生产	成批生产	单件小批生产
装配工作特点	组织形式	多采用流水装配线；有连续移动、间歇移动及可变节奏等移动方式，可采用自动装配机或装配线	笨重、批量不大的产品多采用固定流水装配，批量较大时采用流水装配，多品种平行投产时多采用可变节奏流水装配	多采用固定装配或固定式流水装配进行总装，对批量较大部件亦可采用流水装配
	装配工艺方法	按互换法装配，允许有少量简单的调整，精密偶件成对供应或分组供应装配，无任何修配工作	主要采用互换法，但灵活运用其他保证装配精度的装配工艺方法，如调整法、修配法及合并法，以节约加工费用	以修配法及调整法为主，互换件比例较小
	工艺过程	工艺过程划分很细，力求达到高度的均衡性	工艺过程的划分须适合于批量的大小，尽量使生产均衡	不制定详细工艺文件，工序可适当调度
装配工作特点	工艺装备	专业化程度高，宜采用专用高效工艺装备，易于实现机械化、自动化	通用设备较多，但也采用一定数量专用工、夹、量具，以保证装配质量和提高工效	一般为通用设备及通用工、夹、量具
	手工操作要求	手工操作比重小，熟练程度容易提高，适于培养新工人	手工操作比重较大，技术水平要求较高	手工操作比重大，要求工人有高技术水平和多方面工艺知识
应用实例		汽车、拖拉机、内燃机、滚动轴承、电气开关	机床、机车车辆、中小型锅炉、矿山采掘机械	重型机器、汽轮机、大型内燃机

（3）生产条件

相同的产品在不同的企业里的装配工艺规程都不会完全相同。因为不同的企业设备不同，工人技术等级、加工习惯也不同，生产条件的不同导致工艺规程自然也不尽相同。

（三）制定装配工艺规程的步骤

制定装配工艺规程的步骤如下。

第一，研究产品的装配图和验收技术条件。

第二，确定装配方法和装配组织形式。

第三，划分装配单元，将产品划分为套件、组件和部件等装配单元是制定装配工艺规程的重要一步。装配单元划分要便于装配，并应合理选择装配基准件。装配基准件应是产品的基体或主干零件、部件，应有较大体积和重量，有足够支撑面和较多公共结合面。

第四，确定装配顺序。在划分装配单元并确定装配基准件后，即可安排装配顺序。安排装配顺序一般原则是先难后易、先内后外、先小后大、先下后上。

第五，划分装配工序。

第六，编制装配工艺文件。

三、装配工艺系统图

（一）装配单元的划分

为了便于装配，通常将机器分成若干个独立的装配单元。装配单元通常可划分为五个等级，即零件、套件、组件、部件和机器。

由于各部件、组合件构成的装配单元可平行作业，因此可缩短装配周期，且便于维修（只需要将检修的部分拆下）。

采用这种设计法，常需要增加一些连接零件，但装配工艺性有很大改善，故在实际生产中常常应用。为了多快好省地装配机器，必须最大限度地缩短装配周期，而把机器分成若干个装配单元是缩短装配周期的基本措施。因为机器分拆成若干个装配单元后，可以在装配工作上组织平行装配作业，扩大装配工作面，而且能使装配按流水线组织生产。同时，各装配单元能预先调整试验。各部分能以较完善的状态送去总装，有利于保证机器的最终质量。

将机器分拆成若干独立装配单元，除上述优点外，还有如下优点：

第一，便于部件规格化、系列化和标准化，并可减少劳动量，提高装配生产率和降低成本。

第二，有利于机器质量不断地改进和提高。这对重型机器尤为重要，因为它们寿命周期较长，不会轻易报废。随着科学技术的进步和生产要求的不断提高，机器在使用过程中经常需要加以改进。若机器具有独立装配单元，则改进起来很方便。

第三，便于协作生产。可由各专业工厂先分别生产独立单元，再集中进行装配。

第四，给重型机械包装运输带来很大方便。

（二）装配工艺系统图的绘制方法

为清楚起见，常用装配工艺系统图来清晰表示各装配单元的装配顺序。装配工艺系统图由装配单元方格组成，方格内注明装配单元的名称、编号和数量。

装配单元方格的绘制方法如下。

用一个长方格表示一个零件或装配单元，即用该长方格可以表示参加装配的零件、合件、组件、部件和机器。在该方格内，上方注明零件或装配单元名称，左下方填写零件或装配单元的编号，右下方填写零件或装配单元的件数。

装配工艺系统图绘制方法如下。

画一条较粗的横线，横线右端指向装配单元的长方格，横线左端为基准件的长方格。按装配先后顺序，从左向右依次将装入基准件的零件、合件、组件和部件引入。表示零件的长方格画在横线上方；表示合件、组件和部件的长方格画在横线下方。

四、机器装配精度

（一）装配精度内涵

装配精度指产品装配后各几何参数实际达到的精度。装配精度是机器质量的重要指标之一，是保证机器具有正常工作性能的必要条件，是制定装配工艺规程的主要依据，也是确定零件加工精度的依据。凡是装配完成的机器必须满足规定的装配精度。

机器的装配精度主要内容包括：相互尺寸精度、相互位置精度、相对运动精度、相互配合精度。

1. 相互尺寸精度

相互尺寸精度又叫相互距离精度，是指机器中相关零部件间的相互尺寸关系的精度。例如机床主轴锥孔中心距床身导轨的距离，尾架顶尖套中心距导轨的距离，主轴锥孔中心距尾架顶尖套中心的距离，等等。

2. 相互位置精度

相互位置精度，是指机器中相关零部件间的相互位置关系的精度。例如机床主轴箱中相关轴间中心距尺寸精度和同轴度、平行度、垂直度等。

3. 相对运动精度

相对运动精度，是指机器中做相对运动的零部件之间在运动方向和相对运动速度上的精度，如运动方向与基准间的平行度和垂直度，相对运动部件间的传动精度，等等。

4. 相互配合精度

相互配合精度包括配合表面间的配合质量和接触质量。配合质量，是指机器中零件配合表面之间到达规定的配合间隙或过盈间隙的程度，接触质量，是指机器中两配合或连接表面间达到规定的接触面积的大小和接触点分布的情况。

上述精度之间的关系：相互配合精度是相互尺寸精度的基础，相互位置精度又是相互运动精度的基础。

装配精度与零件精度之间的关系：一般来说，零件精度越高，装配精度就越容易保证。但装配精度不完全依靠零件精度来达到，而与装配方法有关。

（二）影响装配精度的因素

机械产品及其部件均由零件组成。各相关零件的误差的累积将反映于装配精度。因此，产品的装配精度首先受到零件（特别是关键零件，如卷筒锥度部分与轴的贴合度）的加工精度的影响。零件间的配合与接触质量影响到整个产品的精度，尤其是刚度及抗振性，因此提高零件间配合面的接触刚度亦有利于提高产品装配精度。另外，零件在加工和装配中因热应力、内应力等引起的变形对装配精度也会产生很大的影响。因此，零件精度是影响产品装配精度的首要因素。而产品装配中装配方法的选用对装配精度也有很大的影响，尤其是在单件小批量生产及装配要求较高时，仅采用提高零件加工精度的方法往往不经济和不易满足装配要求。而通过装配中的选配、调整和修配等手段（合适的装配方法）来保证装配精度非常重要。

在加工条件允许时，可以合理地规定有关零部件的制造精度，使它们的累积误差仍不超出装配精度所规定的范围，从而简化装配过程，这对于大批大量生产过程是十分必要的。

对于某些装配精度要求高的装配单元，特别是装配单元包含零件较多时，如果装配精度完全由有关零件的加工精度来直接保证，则对各零件的加工精度要求很高。但这样会造成加工困难，甚至无法加工。

遇到这种情况，常按经济加工精度来确定大部分零件的精度要求，使之易于加工，而在装配阶段采用一定的装配工艺措施（如修配、调整、选配等）来保证装配精度。

如果机器的装配精度是由一个零件的精度来控制与保证的，则称这种情况是"单件自保"。

五、保证装配精度的装配方法

机械产品的精度要求最终要靠装配来达到。

为了减少装配劳动量、降低零件加工精度，并获得或保持较高的装配精度，需要根据产品的性能要求、结构特点、生产纲领、生产技术条件等诸因素选择合适的装配方法。

在生产中，常用的保证产品装配精度的方法有：互换装配法、分组装配法、修配装配法与调整装配法。互换装配法又包括完全互换法和大数互换法（又称不完全互换法）。它们的工艺特点和适用范围如表 2-14 所示。

表 2-14 常用装配方法及其工艺特点和适用范围

装配方法	工艺特点	适用范围
完全互换法	①配合件公差之和小于/等于规定装配公差；②装配操作简单，便于组织流水作业和维修工作	大批量生产中零件数较少、零件可用加工经济精度制造者，或零件数较多但装配精度要求不高
大数互换法	①配合件公差平方和的平方根小于/等于规定的装配公差；②装配操作简单，便于流水作业；③会出现极少数超差件	大批量生产中零件数略多、装配精度有一定要求，零件加工公差较完全互换法可适当放宽；完全互换法适用产品的其他一些部件装配
分组装配法	①零件按尺寸分组，将对应尺寸组零件装配在一起；②零件误差较完全互换法可以大数倍	适用于大批量生产中零件数少、装配精度要求较高又不便采用其他调整装置的场合

装配方法	工艺特点	适用范围
修配装配法	预留修配量的零件，在装配过程中通过手工修配或机械加工达到装配精度	用于单件小批生产中装配精度要求高的场合
调整装配法	装配过程中调整零件之间的相互位置，或选用尺寸分级的调整件，以保证装配精度	动调整法多用于对装配间隙要求较高并可以设置调整机构的场合；静调整法多用于大批量生产中零件数较多、装配精度要求较高的场合

（一）互换装配法

互换装配法是从制造合格的同规格零件中任取一个用来装配均能达到装配精度要求的装配方法。

互换法装配产品的装配精度是靠控制零件的加工精度来保证的，因此需要零件的制造满足互换性。

互换装配法的优点如下。

一是装配工作简单、生产率高；

二是有利于组织流水生产；

三是便于将复杂的产品在许多工厂中协作生产；

四是有利于产品的维修和配件供应。

按互换程度的不同，互换装配法分为完全互换装配法与不完全互换装配法。

1. 完全互换装配法

在产品装配时，各组成环零件不需要挑选或改变其大小或位置，全部产品装配后即能达到封闭环的公差要求，这种装配方法称为完全互换装配法。

完全互换装配法采用极值法计算。为保证装配精度要求，尺寸链中封闭环的极值公差应小于或等于封闭环的公差要求值。

2. 大数互换法

大数互换法又称为不完全互换法，是指在绝大多数产品中，装配时各组成环不需要挑选或不需要改变大小或位置，装配后即能保证装配精度要求的装配方法。

大数互换法与完全互换法相比，放宽了尺寸链各组成环的公差，有利于零件的经济加工，同时会有少部分产品的装配精度超差，需要进行返修。因此，大数互换法多用于大批大量生产和装配精度要求不太高而组成环数较多的装配尺寸链。

大数互换法采用的基本理论是概率论，即按所有零件尺寸分布曲线的状态来处理。通常封闭环的尺寸分布趋近正态分布，其尺寸分散范围为$\pm 3\sigma$，产品合格率为 99.73%。采用大数互换法装配时，尺寸链的计算一般采用概率法。

（二）分组装配法

分组选配法是指将产品各配合副零件按实测尺寸分组，装配时按组进行互换装配，以保证装配精度要求的装配方法。分组装配法适用于成批或大量生产中装配精度要求较高、尺寸链组成环较少的情况。

采用分组装配法装配时，组成环仍按加工经济精度制造，不同的是要对组成环的实际尺寸逐一进行测量并按尺寸大小分组，装配时被装零件按对应组号配对装配，从而最终达到规定的装配精度要求。

采用分组装配法装配时，要求两相配件的尺寸分布曲线具有完全相同的对称分布曲线。如果尺寸分布曲线不相同或不对称，则将导致各尺寸组相配零件数不等而不能完全配套，造成浪费。

采用分组装配法装配时，零件的分组数以 3～5 组为宜。分组数过多，会因零件测量、分类和存储工作量的增大，而使生产组织工作变得复杂。

采用分组装配法装配时可以按完全互换法求组成环公差，放大若干倍，使之达到经济公差；按经济公差加工零件，再将相互配合零件均按尺寸大小分成若干组（分组数与公差放大倍数相等）；最后在大孔配大轴，小孔配小轴的方法将对应组零件装配，从而达到配合精度的目的。

分组装配法有三种形式：直接选择装配法和复合选择装配法。

1. 直接选择装配法

直接选择装配法是先将组成环的公差相对于互换装配法所求之值增大，但无须预先测量分组，而是在装配时直接从待装配的零件中选择合适的零件进行装配，从而满足装配精度要求。

例如发动机中活塞与活塞环的装配，为了避免活塞环可能在活塞的环槽内卡住，装配工人可凭经验直接挑选合适的活塞环进行装配。

直接选择装配法的缺点是，装配精度在很大程度上取决于装配工人的技术水平，而且装配工时也不稳定。

直接选择装配法常用于封闭环公差要求不太严、产品的产量不大或生产节拍要求不很严格的成批生产。

2. 复合选择装配法

复合选择装配法是分组装配和直接选择装配的复合形式。它是先将组成环的公差相对于互换法所求之值增大，零件加工后预先测量、分组，装配时工人将在各对应组内进行选择装配。例如发动机中的汽缸与活塞的配合多采用此法。

复合选择装配法吸取了前两种方法的特点，既能提高装配精度，又不必过多增加分组数。但是，装配精度仍然要依赖工人的技术水平，工时也不稳定。

复合选择装配法方法常用于相配件公差不等时，作为分组装配法的一种补充形式。

（三）修配装配法

在成批生产中，若装配尺寸链的封闭环公差要求较严，组成环又较多时，用互换装配法势必要求组成环的公差很小，提高了装配精度，造成零件加工困难，并影响机器制造的经济性。

若用分组装配法，会因装配尺寸链环数多，使测量、分组和配套工作变得非常困难和复杂，甚至造成生产上的混乱。在单件小批生产时，当封闭环公差要求较严，即使组成环数很少，也会因零件生产数量少而不能采用分组装配法。

在单件生产、小批生产中装配那些装配精度要求高、组成环数又多的机器结构时，常用修配装配法。

1. 基本概念

修配装配法是将装配尺寸链中各组成环的公差相对于互换装配法所求之值增大，使其能按现有生产条件下较经济的加工精度制造，装配时通过去除补偿环（或称修配环，是预先选定的某一组成环）部分材料，改变其实际尺寸，使封闭环达到精度要求的装配方法。修配装配法简称修配法。

补偿环是用来补偿其他各组成环由于公差放大后所产生的累积误差。

因修配装配法是逐个修配机器，不具有互换性，所以机器中采用修配法装配部分的不同机器的类同型零件不能互换，通常，修配装配法采用极值法计算。

2. 计算方法

采用修配装配法的关键是正确选择补偿环，并确定其尺寸及极限偏差。

①选择补偿环。一般地，补偿环应便于装拆，易于修配。因此，补偿环应选形状比较简单、修配面较小的零件。补偿环应选只与一项装配精度有关的环，不应选择公共组成环作为补偿环。

②按经济加工精度确定除了补偿环之外的组成环的公差及偏差。按照"入体原则"，确定上述各组成环的尺寸。

③确定补偿环的尺寸及极限偏差。确定补偿环尺寸及极限偏差的出发点是要保证修配时的修配环有足够的修配量，且修配量不能太大。为此，首先要了解补偿环被修配时，对封闭环的影响是越修越大，还是越修越小。

3. 修配的方法

（1）单件修配法

选择某一固定零件为修配件（补偿环），装配时对该零件进行补充加工改变其尺寸，以保证装配精度要求。

（2）合并修配法

将两个或更多的零件合并在一起后再进行加工修配，合并后的尺寸可以视为一个组成环，这就减少了装配尺寸链环数，并减少了修配量。

上例中，将尾座和底板配合面配刮后成一体，再精镗套筒孔。此时，直接获得尾座套筒孔轴线至底板底面的距离 A_{23}，由此构成新的装配尺寸链。组成环数减少为两个，这也是装配尺寸链最短路线原则的一个应用。

（3）自身加工修配法

在机床制造中，有一些装配要求，总装时用自身加工自己的方法来满足装配精度比较方便。例如牛头刨床总装时，自刨工作台面；转塔车床总装时，就地加工转塔安装孔。

4. 修配装配法特点及应用范围

修配法可以降低对组成环的加工要求，利用修配补偿环的方法可获得较高的装配精度，尤其是尺寸链中环数较多时，修配法优点更为明显。

但是，修配工作往往需要技术熟练的工人；修配操作大多是手工操作，需要逐个机器进行修配，所以修配法生产率低，不容易保证一定生产节拍，不适合组织流水线装配，修配法装配的机器中的零件不具有互换性。

大批大量生产中很少采用修配法装配；单件小批量生产中广泛采用修配法，特别是精度要求高时，更需要采用修配法降低加工成本；中批量生产中，当装配精度要求高时，也可以采用修配法。

（四）调整装配法

封闭环公差要求较严而组成环又较多的装配尺寸链，也可以用调整装配法达到要求。

1. 基本概念

调整装配法是将尺寸链中各组成环的公差相对于互换装配法所求之值增大，使其能按该生产条件下较经济的公差制造，装配时用调整的方法改变补偿环（预先选定的某一组成环）的实际尺寸或位置，从而使封闭环达到其公差与极限偏差要求。

调整装配法简称调整法。一般以螺栓、斜面、挡环、垫片或孔轴连接中的间隙等作为补偿环（或称调整环），它是用来补偿其他各组成环由于公差放大后所产生的累积误差。

调整法通常采用极值公式计算。

根据调整方法的不同，调整法分为固定调整法、可动调整法和误差抵消调整法三种。下面主要讲述固定调整法：

2. 固定调整法

（1）基本概念

采用调整的方法改变补偿环的实际尺寸，使封闭环达到其公差与极限偏差要求的方法，称为固定调整法。补偿环应形状简单、便于装拆，常用的补偿环有垫片、挡环、套筒等。

改变补偿环实际尺寸的方法是根据封闭环公差与极限偏差的要求，分别装入不同尺寸的补偿环。例如补偿环是减环，因放大组成环公差后使封闭环实际尺寸较大时，就取较大的补偿环装入；反之，就取较小的补偿环装入。

为此，需要预先按一定的尺寸要求制成若干组不同尺寸的补偿环，供装配时选用。

（2）确定补偿环的组数和各组的尺寸

采用固定调整法时，计算装配尺寸链的关键是确定补偿环的组数和各组的尺寸。

①确定补偿环的组数。要确定补偿环的级数，首先要确定补偿量。采用固定调整法时，由于放大组成环公差，装配后的实际封闭环的公差必然超出设计要求的公差，其超差量须用补偿环补偿，该补偿量等于超差量。其可用式（2-24）计算：

$$F = T_{0L} - T_0 \qquad (2-24)$$

式中：T_{0L}——实际封闭环的极值公差（含补偿环）；

T_0——封闭环公差的要求值。

其次，要确定每一组补偿环的补偿能力 S。若忽略补偿环的制造公差 T_k，则补偿环的补偿能力 S 就等于封闭环公差要求值 T_0；若考虑补偿环的公差 T_k，则补偿环的补偿能力为：

$$S = T_0 - T_k \qquad (2-25)$$

当第一组补偿环无法满足补偿要求时，就需要相邻一组的补偿环来补偿。所以，相邻组别补偿环基本尺寸之差也应等于补偿能力 S，以保证补偿作用的连续进行。因此，分组数 N 可用式（2-26）表示：

$$N = \frac{F}{S} + 1 \qquad (2-26)$$

计算所得分组数 N 后，要圆整至邻近的较大整数。

②计算各组补偿环的尺寸。由于各组补偿环的基本尺寸之差等于补偿能力 S，因此只要先求出某一组补偿环的尺寸，就可推算出其他各组的尺寸。比较方便的方法是先求出补偿环的中间尺寸，再求各组尺寸。

补偿环中间尺寸可先由各环中间偏差之关系式，求出补偿环的中间偏差后再求得。

当补偿环的组数 N 为奇数时，求出的中间尺寸就是补偿环中间一组尺寸的中间值。其余各组尺寸的中间值相应增加或减小各组之间的尺寸差 S 即可。

当补偿环的组数 N 为偶数时，求出的中间尺寸是补偿环的对称中心，再根据各组之间的尺寸差 S 安排各组尺寸。

补偿环的极限偏差也按"入体原则"标注。

3. 固定调整法特点及其应用范围

固定调整法可降低对组成环的加工要求，利用调整的方法改变补偿环的实际尺寸，从而获得较高的装配精度，尤其是尺寸链中环数较多时，固定调整法优点更为明显。在装配时固定调整法不必修配补偿环，没有修配法中存在的一些缺点，所以固定调整法在大批大量生产中得到普遍应用。

固定调整法没有可动调整法中改变位置的补偿件，因而刚性较好，结构比较紧凑。但是，固定调整法在调整时要拆换补偿环，装拆和调整工作耗时耗力，所以设计时要选择装拆方便的结构。另外，由于要预选做好若干组不同尺寸的补偿环，这也给生产带来不便，为了简化补偿件的规格，生产中常用"多件组合法"。

"多件组合法"是把补偿环（如垫片）做成几种规格，如厚度分别为 0.1 mm、0.2 mm、0.5 mm、1 mm 等，根据需要把不同规格的垫片组合起来满足封闭环公差要求（如同量规组合使用一样）。为了提高"多件组合法"的调整精度，生产中采用"套筒和垫片"的组合法，其中垫片的最小间隔为 0.1 mm，套筒的间隔值为 0.02 mm（如做成 15.02 mm、15.04 mm、15.06 mm、15.08 mm、15.10 mm 5 种）。调整时，用垫片做粗调整，用套筒做精调整。

固定调整法常用于大批大量生产和中批生产，以及封闭环要求较严的多环装配尺寸链中。尤其是在比较精密的机械传动中用调整法，还能补偿使用过程中的磨损和误差，恢复原有精度。

例如，在精密机械、机床和传动机械中，以下情况都普遍采用固定调整法。

①锥齿轮啮合精度的调整。

②轴承间隙或预紧度的调整等。

4. 其他调整装配法简介

（1）可动调整装配法

采用调整的方法改变补偿环的位置，使封闭环达到其公差与极限偏差要求的方法，称为可动调整装配法，简称为可动调整法。

常用的补偿环有螺栓、斜面、挡环或孔轴连接中的间隙等。例如，在齿轮箱（图 2-15）中，先用调节螺钉调整轴承安装位置精度，再用锁紧螺母锁紧。该装置用螺栓旋入程度来改变压盖的位置，补偿装配中零件累积误差。

可动调整法不但调整方便，能获得比较高的精度，还可以补偿由于磨损和变形等所引起的误差，使设备恢复原有精度。所以，在一些传动机构或易磨损机构中，常用可动调整法。

但是，可动调整法中因可动调整件的出现，削弱了机构的刚性，因而在刚性要求较高或机构比较紧凑而无法安排可动调整件时，就要采用其他调整法。

（2）误差抵消调整法

在机器装配时，通过调整有关零件的相互位置关系，使零件加工误差对机器

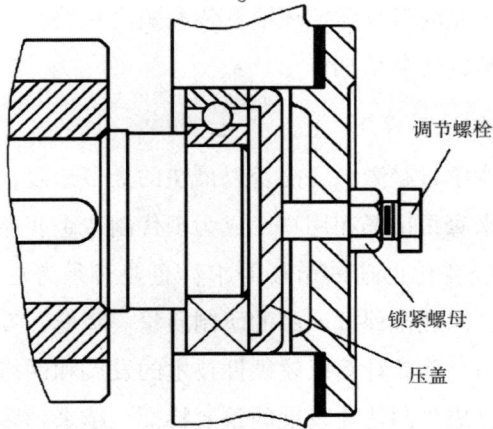

图 2-15　齿轮箱中调整环

装配误差相互抵消或部分抵消，从而提高机器装配精度的方法，称为误差抵消调整法。

这种方法在机床装配中应用较多，具体如下。

①装配机床主轴时，通过调整前后轴承的径向圆跳动方向来控制主轴锥孔的径向跳动。

②在滚齿机工作台分度蜗轮的装配中，采用调整两者偏心方向来抵消误差，提高装配精度。

六、机器的虚拟装配技术

（一）概述

1. 虚拟装配的概念

采用计算机、多媒体、网络技术等多种手段构造虚拟境界，使参与者获得与现实世界相类似的感觉称为虚拟现实（Virtual Reality，VR）。

以虚拟现实、计算机仿真技术等为基础，利用制造系统模型，完成制造系统各环节计算与仿真称为虚拟制造（Virtual Manufacturing，VM）。虚拟制造实现了制造的本质过程，可以模拟和预估机器功能、性能、可加工性等，提高预测与决策水平。

无需产品或支撑的装配过程的物理实现称为虚拟装配（Virtual Assembly，

VA）。虚拟装配主要研究内容有虚拟环境下装配顺序和路径、虚拟装配建模、装配中人机因素分析、装配任务培训等。

2. 机器的虚拟装配技术作用

机械制造行业的竞争日趋激烈，能否以最快的上市速度、最好的质量、最低的成本、最优的服务来赢得市场和用户，成为现代制造企业在激烈的市场竞争中取胜的关键。为了适应变化迅速的市场需求，企业必须考虑先进的产品研制方法、手段与实施途径，以此来保证产品的研制质量、降低开发成本、缩短设计周期、提高企业的竞争力。随着计算机软硬件技术的发展和网络技术的进步，全球化、网络化和虚拟化已成为制造业发展的重要特征，越来越多的企业在新产品开发的过程中采用数字化技术，用数字模型代替众多昂贵的实体进行设计验证。

数字模型是根据产品开发过程中所有的技术数据完成的，工程技术人员用其代替实体原型来进行空气动力学分析、人机工程学的研究、碰撞测试等。但在这些研究分析过程中，技术人员不能与虚拟对象进行真实的互动，无法得到精确的力量反馈，缺乏现场的真实感觉，一些研发数据缺乏可信度，尤其是在进行机械产品设计、装配、拆卸与维护的研究时。虚拟现实技术的出现为解决以上问题创造了良好的条件，并带来生产领域中方法和观念上的变革。

3. 虚拟装配关键技术

虚拟装配关键技术如下。

虚拟装配环境构建：包括虚拟环境描述与管理，装配动作与感觉信息相互关系处理，感觉信息综合方法，输入、输出驱动规则等。

装配过程中作用力分析：把零件微观接触状态拓展为宏观世界，瞬时接触延续为虚拟空间"慢动作"，分析数据可视化处理。

自动生成装配规划：寻找最优装配顺序序列。

虚拟环境中人的知识和技巧的映射：研究人手模型在虚拟环境中的映射，检测和处理人的装配动作信号，装配过程实时交互。

零件物理学属性的虚拟：包括零件物理属性（材质、密度、色彩、韧性等）和运动属性（速度、加速度、作用力等）。

4. 虚拟装配的类型

（1）以产品设计为中心的虚拟装配

以产品可装配性全面改善为目的，通过模拟试装和定量分析，找出零部件结构设计中不适合装配或装配性能不好的结构特征，进行设计、修改，最终保证设计的产品具有良好的可装配性。

虚拟装配是在产品设计过程中，为了更好地帮助进行与装配有关的设计决策，在虚拟环境下对计算机数据模型进行装配关系分析的一项计算机辅助设计技术。它结合面向装配设计（Design For Assembly，DFA）理论和方法，基本任务就是从设计原理方案出发，在各种因素制约下寻求装配结构的最优解，由此拟定装配草图。它以产品可装配性的全面改善为目的，通过模拟试装和定量分析，找出零部件结构设计中不适合装配或装配性能不好的结构特征，进行设计修改。最终保证所设计的产品从技术角度来讲装配是合理可行的，从经济角度来讲应尽可能降低产品总成本，同时必须兼顾人因工程和环保等社会因素。

（2）以装配工艺规划为中心的虚拟装配

针对产品的装配工艺设计问题，基于产品信息模型和装配资源模型，采用计算机仿真和虚拟现实技术进行产品的装配工艺设计，以获得可行且较优的装配工艺方案，指导实际装配生产。根据涉及范围和层次的不同，又分为系统级装配规划和作业级装配规划。前者是装配生产的总体规划，主要包括市场需求、投资状况、生产规模、生产周期、资源分配、装配车间布置、装配生产线平衡等内容，是装配生产的纲领性文件。后者主要指装配作业与过程规划，包括装配顺序的规划、装配路径的规划、工艺路线的制定、操作空间的干涉验证、工艺卡片和文档的生成等内容。

工艺规划为中心的虚拟装配，以操作仿真的高逼真度为特色，主要体现在虚拟装配实施对象、操作过程及所用的工装工具，均与生产实际情况高度吻合，因而可以生动、直观地反映产品装配的真实过程，使仿真结果具有高可信度。

（3）以虚拟原型为中心的虚拟装配

虚拟原型是利用计算机仿真系统在一定程度上实现产品的外形、功能和性能模拟，以产生与物理样机具有可比性的效果来检验和评价产品特性。传统的虚拟装配系统都是以理想的刚性零件为基础，虚拟装配和虚拟原型技术的结合，可以有效分析零件制造和装配过程中的受力变形对产品装配性能的影响，为产品形状精度分析、公差优化设计提供可视化手段。以虚拟原型为中心的虚拟装配主要研究内容包括考虑切削力、变形和残余应力的零件制造过程建模、有限元分析与仿真、配合公差与零件变形，以及计算结果可视化等方面。

虚拟装配与虚拟原型技术相结合，可分析装配过程中受力变形对产品装配性能影响，为产品形状精度分析、公差优化设计提供可视化手段。

（二）虚拟装配环境的建立

1. 桌面式虚拟装配环境

桌面式虚拟装配环境采用普通计算机或低端工作站的显示器作为观察虚拟场景窗口，操作者佩戴立体眼镜来观察三维图像。

桌面式虚拟装配环境成本较低、使用简单、操作方便。但沉浸感较差，不便于人的装配经验和知识的发挥。

2. 头盔式虚拟装配环境

头盔式虚拟装配环境利用头盔显示器和数据手套等交互设备，把用户视觉、听觉和其他感觉封闭起来，使用户真正成为系统的一个参与者，产生比较强的沉浸感。但存在约束感较强，分辨率偏低，长时间易引起疲劳等缺陷。

虚拟现实立体头盔的原理是将小型二维显示器所产生的影像借由光学系统放大。具体而言，小型显示器所发射的光线经过凸面透镜使影像因折射产生类似远方效果。利用此效果将近处物体放大至远处观赏而达到所谓的全像视觉（HOLO-GRAM）。液晶显示器（早期用小型阴极射线管，最近已有应用有机电致发光显示器件）的影像通过一个偏心自由曲面透镜，使影像变成类似大银幕画面。由于偏心自由曲面透镜为一倾斜状凹面透镜，因此在光学上它已不单是透镜功能，基本上已成为自由面棱镜。当产生的影像进入偏心自由曲面棱镜面，再全反射至观察者眼睛对向侧凹面镜面。侧凹面镜面涂有一层镜面涂层，反射同时光线再次被放大反射至偏心自由曲面棱镜面，并在该面补正光线倾斜，到达观察者眼睛。

3. 洞穴式（CAVE）虚拟装配环境

洞穴式（CAVE）虚拟装配环境主体是由显示屏包围而成的空间，高分辨率投影仪将图像投影到屏幕上，用户戴上立体眼镜便能看到立体图像，实现了大视角、全景、立体且支持多人共享的一个虚拟环境。但价格昂贵，行走距离有限。

4. 可实现操作者自由行走的新型虚拟装配环境

采用半透明球形幕为显示装置，操作者处于球体内部，自由行走通过专门设计的全方位反行走机构完成。操作者头部、手部与双脚分别装有 3D 位置跟踪器，计算机根据操作者的肢体动作产生不断变化的图像，并通过投影系统显示在球体表面。操作者通过佩戴立体眼镜、数据手套与虚拟环境交互。

（三）虚拟装配应用系统的实现

一个典型的虚拟现实系统主要包括五个部分：虚拟世界、计算机、虚拟现实软件、输入设备和输出设备。虚拟世界是一个可交互的虚拟环境，可以从任意角度连续地观看和观察，它是一个包含三维模型或环境定义的数据库，涉及场景模型构建、动力学特征、物理属性、照明及碰撞检测等。计算机是指具有高处理速度、大存储容量和强联网特征的计算机系统，能够高速地进行数据处理和视频图像的刷新。虚拟现实软件负责提供实时构造和参与虚拟世界的能力，通过调用各种数据库，生成三维显示图形，常见软件有 Vega、VegaPrime、Virtools、OSG 等。输入设备用来接收来自操作者的信息和命令，常用设备有数据手套、数据衣、语音输入设备、三维鼠标、跟踪球、三维位置跟踪器、数据手探针及三维操作杆等。输出设备用于输出声音、力反馈或三维图像，使操作者得到虽假尤真、身临其境的感觉，常用的设备有头盔显示器、双目全方位显示器、CRT 终端、3D 声音生成器、触觉和力反馈装置等。

（四）虚拟装配设计实例——减速器装配

图 2-16 为直齿轮传动减速器，现对该产品进行虚拟装配，即在计算机上对已经建立的产品零件按照产品的装配关系完成部件和整机的三维装配模型，并在此基础上应用软件提供的功能，进行装配零件之间的动态、静态干涉检查。一旦发现设计不合理之处，应及时调整与修改设计图纸，从而缩短产品制造与装配生产过程的时间，降低产品的装配成本，提高设计质量。

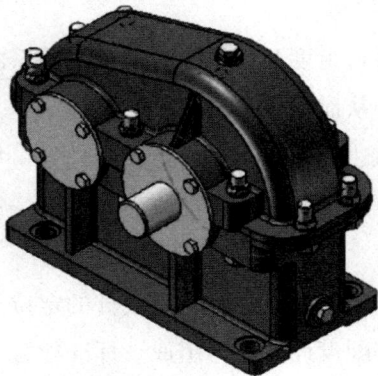

图 2-16　减速器

1. 确定装配层次

确定装配层次是指确定产品中零部件的组成，并确定各装配单元的基准件。

首先，按照运动关系划分成固定部件和运动部件两大类；其次，按照拆卸运动部件的顺序进行固定部件的细分；最后，按安装顺序将各低级部件依次拆分为零件。

本例中装配层次是指减速器总装配体的子装配体组成，即减速器装配体由几大部件来组成。直齿轮传动减速器主要由减速器下箱、上箱、输入轴组件、输出轴组件与轴承盖等部分组成。

2. 确定装配顺序

编排装配顺序的原则如下。

①先下后上、先内后外。

②先不动件（机架）、后运动件。

③先主动件、后从动件。

④先连架杆、后连杆体。

根据减速器的结构尺寸形式和各个部件间的约束关系，确定整个减速器的装配顺序。将大齿轮、键、输出轴装配起来，固定在配套的轴承上面，完成低速轴组件的装配。用同样的方法完成小齿轮轴的装配。选定减速器下箱为基准进行装配，接下来依次装配输入、输出轴组件，并完成齿轮啮合装配，然后装配上箱体，最后完成轴承盖（包括闷盖和透盖）和螺钉、垫圈的装配。

3. 确定装配约束

装配约束是限制零件自由度及各零件相对位置关系的定义，其作用是限制装配体中零部件的自由度，从而保证生成正确的装配。

装配关系包括面约束、线约束、点约束等几大类。每种约束所限制的自由度数目不同，具体的知识可以参照机械原理方面的书籍。每个零件在自由的空间中具有 6 个自由度。

本例中装配约束是确定基准件和其他组成件的定位及相互约束关系，主要由装配特征、约束关系和装配设计管理树组成。标准配合有重合、平行、垂直、距离、角度、相切和同轴心配合；高级配合有对称、凸轮、宽度和齿轮配合，还有线性马达、旋转马达、线性弹簧和引力。如完成轴承盖的配合，根据轴承盖的轴心和下箱上的轴承孔的重合，完成轴心定位；根据轴承盖的内壁面和下箱的外壁面重合以及轴承盖和箱体上的螺栓孔完成轴承盖的装配。

减速器装配顺序如下。

①输入轴组件组装。

②输出轴组件组装。

③下箱体定位。

④输入、输出轴组件装配。

⑤上箱体装配。

⑥轴承盖装配。

⑦其他零件装配。

4. 设计检查

零件装配好以后，要进行装配体的干涉检查，以便确定装配体中各零件之间是否存在实体边界冲突（干涉）和冲突发生在何处，进而为消除冲突作准备。包括以下两种。

①干涉检查（静态）。

②碰撞检查（动态）。

本例中，3D 物理模型中的物体在运动过程中很有可能会发生碰撞、接触及其他形式的相互作用。基于 3D 物理模型的动画系统必须能够检测物体之间的这种相互作用，并做出适当响应；否则，就会出现物体之间相互穿透、彼此重叠等不真实的现象。

第三章　机械加工精度与表面质量

第一节　加工精度与表面质量概述

机械加工质量通常包括机械加工精度和加工表面质量两个指标。前者指零件加工后宏观的尺寸精度、形状精度和相互位置精度。后者主要指零件加工后表面的微观几何形状精度和物理机械性能。

一、加工精度概述

（一）加工精度、加工误差和公差的关系

加工精度和加工误差均是指零件加工后实际获得几何参数的准确度，它们只是从两个不同角度评定零件加工后的几何参数。加工精度的低和高就是通过加工误差的大和小来表示的。所谓保证和提高加工精度问题，实际上就是限制和降低加工误差的问题。

公差是在零件设计时、由设计人员设定的零件几何参数允许的最大变动范围，也可以看作是零件加工时允许产生的最大误差。即零件几何参数的加工误差不得大于设计人员设计的公差，也可以说，其加工精度不得低于设计人员设计的公差对应精度。

加工误差越小，则加工精度越高；反之亦然。所以说，加工误差的大小反映了加工精度的高低。实际加工中由于种种原因，任何加工方法都不可能把零件加工得绝对准确，总会出现这样或那样的加工误差。而且从满足产品使用性能和降低加工成本的角度来看，也没有必要把零件加工得绝对准确，而只要求它在某一规定的范围内变动，制造者的任务就是要使加工误差小于图样上规定的公差。因此，零件存在一定的加工误差是允许的，只要把加工误差控制在零件图上所规定的公差范围内即可。

（二）加工经济精度

加工经济精度是机械加工中常用的一个概念。一个零件从设计到加工都要注意其经济性，因为经济效益是工厂能够发展壮大的重要依据。零件精度等级的高低需要根据使用要求来决定。从这个意义上来说，经济精度就是满足使用要求的最低精度。

一个零件，实际加工能够获得多高的精度取决于众多因素，诸如工艺路线安排、设备和工装选择、工艺参数制定、工人技术水平高低等。精度过高，意味着工艺路线需要精细安排、工艺路线更长、需要的设备和人员更多，需要采用精密的设备和工装，需要较慢的进给速度、加工耗时更长，需要高技术水平的工人，成本投入较大；较低的零件加工精度，其加工成本自然较低。图 3-1 的纵坐标代表成本，横坐标代表加工误差；C_L 是最低成本线，δ_L 是最小加工误差线，C_L 和 δ_L 是 $C - \delta$ 曲线的渐近线。

从图 3-1 中可以看出成本与加工误差的关系：对某一种加工方法，其加工误差和加工成本有一定的关系，即加工精度越高，成本越高。但上述关系只是在一定范围内才比较明显，有时即使成本提高了很多，但加工误差却减少不多；有时即使工件精度降低很多，但加工成本并不因此降低很多，也必须耗费一定的最低成本。因此，某一加工方法的加工经济精度是指在正常生产条件下（采用符合质量标准的设备、工艺装备和标准技术等级的工人，不延长加工时间）所能保证的加工精度。这种精度相对比较经济，如图 3-1 中曲线的 AB 段就代表某一加工方法的经济精度。

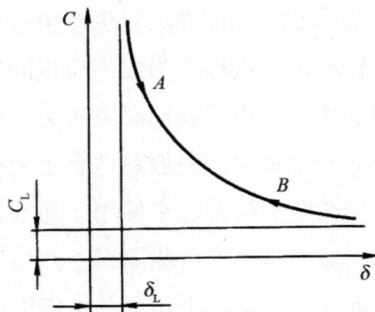

图 3-1　加工误差与成本的关系

每一种加工方法的加工经济精度并不是固定不变的，它会随着工艺技术的发展，设备及工艺装备的改进，以及生产管理水平的不断提高而逐渐提高，如图3-2所示。

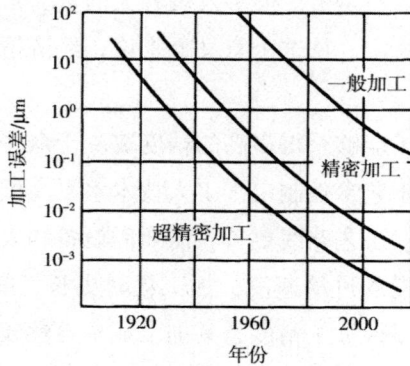

图 3-2　加工精度的发展变化

（三）研究加工精度的目的与方法

研究加工精度的目的在于厘清各种原始误差对加工精度的影响规律，掌握控制加工误差的方法，从而找出减少加工误差，提高加工精度的工艺措施和途径，把加工误差控制在规定的公差范围内。

研究加工精度的方法一般有两种：

一是单因素分析法，即通过分析计算或试验、测试等方法，研究某一确定因素对加工精度的影响。一般不考虑其他因素的同时作用，主要是分析各项误差单独的变化规律。

二是统计分析法，即运用数理统计方法对生产中一批工件的实测结果进行数据处理，用以控制工艺过程的正常进行。当发生质量问题时，可以从中判断误差的性质，找出误差出现的规律，以指导我们解决有关的加工精度问题。统计分析法主要研究各项误差综合的变化规律，一般只适合于大批量生产。

上述两种方法在实际生产中常结合起来使用。通常先用统计分析法找出误差的出现规律，初步判断产生加工误差的可能原因，然后运用单因素分析法进行分析、试验，以便迅速有效地找出影响加工精度的关键因素。

二、表面质量概述

任何机械加工所得到的零件表面，实际上都不是完全理想的表面。实践表明，机械零件的破坏，一般总是从表面层开始的。机械零件的表面质量对零件的耐磨性、抗疲劳性与耐蚀性等影响很大。这表明零件的表面质量是至关重要的，它对产品的质量有很大影响。随着用户对产品质量要求的不断提高，某些零件必须在高速、高温等特殊条件下工作，表面层的任何缺陷都会导致零件失效，因此机械加工表面质量问题显得更加突出和重要。

研究加工表面质量的目的，就是要掌握机械加工中各种工艺因素对加工表面质量影响的规律，以便应用这些规律控制加工过程，最终达到提高加工表面质量、提高产品使用性能的目的。

（一）加工表面质量的含义

加工表面质量包括两个方面的内容：零件经过机械加工后表面层的微观几何形状误差，以及表面层金属的力学物理性能和化学性能。

1. 加工表面层的几何形状特征

零件加工后表面层的几何形状可用图 3-3 来描述。

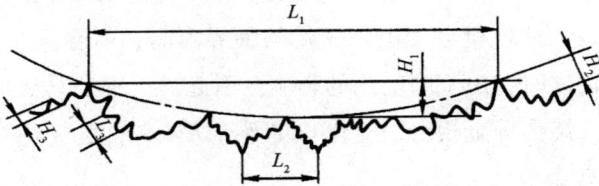

图 3-3　粗糙度和波度之间的关系示意图

（1）表面粗糙度

其波长与波高之比 $L_3/H_3 < 50$ 的称为表面粗糙度，表面粗糙度是加工表面的微观几何形状误差，理论上是刀尖划痕所形成的。

（2）波度

加工表面不平度中波长与波高之比 $L_2/H_2 = 50\sim1000$ 的几何形状误差称为波度，它是由机械加工中的振动引起的。其中波长与波高之比 $L_1/H_1 > 1000$ 的属于宏观几何形状误差，如平面度误差、圆度误差、圆柱度误差等。

（3）纹理方向

纹理方向是指表面刀纹的方向，取决于表面形成过程中所采用的机械加工方法。

（4）伤痕

伤痕是在加工表面上一些个别位置上出现的缺陷，如砂眼、气孔、裂痕等。

2. 表面层金属的力学物理性能和化学性能

由于机械加工中力因素和热因素的综合作用，加工表面层金属的力学物理性能和化学性能将发生一定的变化。其主要反映在以下三个方面：

（1）表面层金属的冷作硬化

表面层金属硬度的变化用硬化程度和深度两个指标来衡量。机械加工过程中表面层金属产生强烈的塑性变形，使晶格扭曲、畸变，晶粒间产生剪切滑移，晶粒被拉长，这些都会使表面层金属的硬度增加，塑性减小，统称为冷作硬化。在机械加工过程中，工件表面层金属都会有一定程度的冷作硬化，使表面层金属的显微硬度有所提高。一般情况下，硬度层的深度可达 0.05～0.30mm；若采用滚压加工，硬化层的深度可达几毫米。

（2）表面层金属的金相组织变化

机械加工过程中，由于切削热的作用会使在工件的加工区域温度急剧升高，当温度升高到超过工件材料金相组织变化的临界点时，就会发生金相组织变化。例如在磨削淬火钢件时，由于磨削热的影响会引起淬火钢的马氏体的分解，常出现回火烧伤、退火烧伤等金相组织变化，将严重影响零件的使用性能。

（3）表面层残余应力

机械加工过程中由于切削变形和切削热等因素的作用在工件表面层材料中产生的内应力，称为表面层残余应力。在铸、锻、焊、热处理等加工过程中产生的内应力与表面残余应力的区别在于：前者是在整个工件上平衡的应力，它的重新分布会引起工件的变形；后者则是在加工表面材料中平衡的应力，它的重新分布不会引起工件变形，但它对机器零件表面质量具有重要影响。

（二）表面质量对机器零件使用性能的影响

1. 表面质量对耐磨性的影响

零件的耐磨性不仅与摩擦副材料、热处理情况和润滑条件有关，而且与摩擦副表面质量有关。

（1）表面粗糙度对耐磨性的影响

表面粗糙度值大，接触表面的实际压强增大，粗糙不平的凸峰间相互咬合、挤裂，使磨损加剧，表面粗糙度值越大越不耐磨；但表面粗糙度也不能太小，表面太光滑，因为存不住润滑油使接触面间容易发生分子黏结，也会导致磨损加剧。表面粗糙度的最佳值与机器零件的工况有关，载荷加大时，磨损曲线向上向右位移，最佳粗糙度值也随之右移。在一定条件下，摩擦副表面总是存在一个最佳表面粗糙度 Ra（为 $0.32 \sim 1.25\mu m$），表面粗糙度过大或过小都会使起始磨损量增大。表面粗糙度对耐磨性的影响曲线如图 3-4 所示。

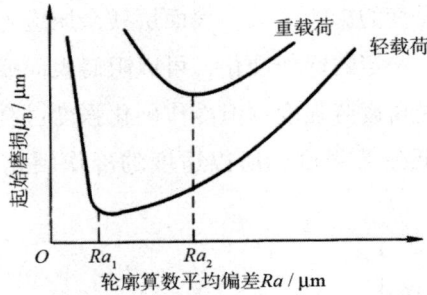

图 3-4　表面粗糙度对耐磨性的影响

（2）表面纹理方向对零件耐磨性影响

在轻载运动副中，摩擦副两个表面的纹路方向与相对运动方向一致时耐磨性好，摩擦副两个表面的纹路方向与相对运动方向垂直时耐磨性差，这是因为摩擦副在相互运动中，切去了妨碍运动的加工痕迹。但在重载时，摩擦副两个表面的纹路方向与相对运动方向一致时却容易发生咬合，磨损量反而大；摩擦副两个表面的纹路方向相互垂直，且运动方向平行于下表面的刀纹方向，磨损量较小。

（3）表面层金属的物理机械性能对耐磨性的影响

加工表面冷作硬化一般有利于提高耐磨性，其原因是冷作硬化提高了表面层的显微硬度。但是，并非硬化程度越高耐磨性越好，过度的冷作硬化会使表面层金属组织变得疏松，甚至出现裂纹，降低耐磨性，如图 3-5 所示。

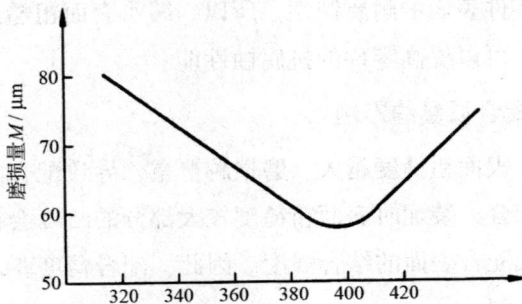

图 3-5　表面冷硬程度与耐磨性的关系

2. 表面质量对零件耐疲劳性的影响

表面粗糙度对零件的疲劳强度影响很大。在交变载荷作用下，表面粗糙度的凹谷部位容易产生应力集中，出现疲劳裂纹，加速疲劳破坏。零件上容易产生应力集中的沟槽、圆角等处的表面粗糙度对疲劳强度的影响更大。图 3-6 表示表面粗糙度对疲劳强度的影响。减小零件的表面粗糙度，可以提高零件的疲劳强度。表面层残余应力对疲劳强度的影响极大，表面层残余压应力有利于提高零件的耐疲劳强度。零件表面存在一定的冷作硬化，可以阻碍表面疲劳裂纹的产生，缓和已有裂纹的扩展有利于提高疲劳强度；但冷作硬化强度过高时，可能会产生较大的脆性裂纹，反而会降低疲劳强度。所以适度的冷作硬化可以提高零件的疲劳强度。

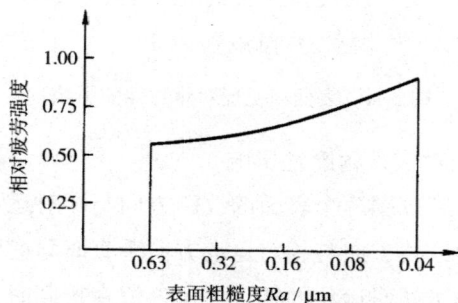

图 3-6　表面粗糙度对耐疲劳性的影响

3. 表面质量对耐腐蚀性的影响

空气中所含的气体和液体与零件接触时会凝聚在零件表面上使表面腐蚀。零件表面粗糙度越大，加工表面与气体、液体接触面积越大，腐蚀作用就越强烈。加工表面的冷作硬化和残余应力，使表层材料处于高能位状态，有促进腐蚀的作用，一般都会降低零件表面的耐腐蚀性。所以，减小表面粗糙度，控制表面的加工硬化和残余应力，可以提高零件的抗腐蚀性能。

4. 表面质量对配合质量的影响

对于间隙配合，表面粗糙度越大，磨损越严重，导致配合间隙增大，配合精度降低。对于过盈配合，装配时表面粗糙度较大部分的凸峰会被挤平，使实际的配合过盈量少，降低配合表面的结合强度。因此，配合精度要求较高的表面，应具有较小的表面粗糙度。

第二节　加工精度的影响因素

一、加工前误差

（一）加工原理误差

在机械加工中，为了获得规定的加工表面，刀具和工件之间必须具有准确的成型运动，将此称为加工原理。加工原理误差是指采用了近似的成型运动或近似的刀具轮廓进行加工而产生的误差。例如滚齿加工用的滚刀就存在两种原理误差：一是由于制造上的困难，采用阿基米德基本蜗杆或法向直廓基本蜗杆代替渐开线基本蜗杆而产生的齿廓造型误差；二是由于滚刀刀刃数有限，所切出的齿形实际上是一条由微小折线组成的折线面，和理论上的光滑渐开线有差异，这些都会产生加工原理误差。又如，用模数铣刀成型铣削齿轮，模数相同而齿数不同的齿轮，齿形参数是不同的。理论上，同一模数，不同齿数的齿轮就要用相应的齿形刀具加工。实际上，为精简刀具数量，常用一把模数铣刀加工某一齿数范围内的齿轮，即采用了近似的刀刃轮廓，同样产生了加工原理误差。

理论上应采用理想的加工原理和完全准确的成型运动，以获得精确的零件表面。但实际上，完全精确的加工原理常常很难实现。即使能采用准确的加工原理，有时会使加工效率很低；有时会使机床或刀具的结构极为复杂，制造困难；有时由于结构环节多，造成机床传动中的误差增加，或使机床刚度和制造精度很难保证等。因此，采用近似的加工原理以获得较高的加工精度是保证加工质量以及提高生产率和经济性的有效工艺措施，只要其误差不超过规定的精度要求（一般原理误差应小于 10% ~ 15% 工件的公差值），在生产中仍能得到广泛的应用。不过在精加工场合，对原理误差需要进行分析计算。

（二）装夹误差

装夹误差包括定位误差和夹紧误差两部分。

因定位不准确而引起的误差称为定位误差。定位误差包括基准不重合误差和由于定位副制造不准确造成的基准位移误差。

工件或夹具刚度过低或夹紧力作用方向、作用点选择不当，都会使工件或夹具产生变形，造成加工误差。例如：用三爪自定心卡盘装夹薄壁套筒镗孔时，夹紧前薄壁套筒的内外圆是圆的，夹紧后工件呈三棱圆形；镗孔后，内孔呈圆形；但松开三爪卡盘后，外圆弹性恢复为圆形，所加工孔变成为三棱圆形，使镗孔孔径产生加工误差。为减少由此引起的加工误差，可在薄壁套筒外面套上一个开口薄壁过渡环，使夹紧力沿工件圆周均匀分布。

（三）调整误差

在机械加工的每一个工序中，总是要对工艺系统进行这样或那样的调整，由于调整不可能绝对准确，因而产生调整误差。

工艺系统的调整有两种基本方式，不同的调整方式有不同的误差来源。

1. 试切法调整

单件、小批量生产中普遍采用试切法加工。加工时先在工件上试切，根据测得的尺寸与要求尺寸的差值，用进给机构调整刀具与工件的相对位置，然后进行试切、测量、调整，直至符合规定的尺寸要求时，再正式切削出整个待加工表面。显然，这时引起调整误差的因素如下：

①测量误差。指量具本身的精度、测量方法或使用条件下的误差（如温度影响、操作者的细心程度等），它们都影响调整精度，因而产生加工误差。

②机床进给机构的位移误差。当试切最后一刀时，往往要按照刻度盘的显示值来微量调整刀架的进给量，这时常会出现进给机构的"爬行"现象，结果使得刀具的实际位移与刻度盘显示值不一致，造成加工误差。

③试切时与正式切削时切削层厚度不同的影响。不同材料的刀具的刃口半径是不同的，也就是说，切削加工中刀刃所能切除的最小切削层厚度是有一定限度的。切削厚度过小时，刀刃就会在切削表面上打滑，切不下金属。精加工时，试切的最后一刀往往很薄，而正式切削时的切削深度一般要大于试切部分，所以与试切时的最后一刀相比，刀刃不容易打滑，实际切深就大一些，因此工件尺寸就与试切部分不同；粗加工时，试切的最后一刀切削层厚度还比较大，刀刃不会打滑，但正式切削时切深更大，受力变形也大得多，因此正式切削时切除的金属层厚度就会比试切部分小一些，故同样引起工件的尺寸误差。

2. 调整法

在成批、大量生产中，广泛采用试切法（或样件样板）预先调整好刀具与工件的相对位置，并在一批零件的加工过程中保持这种相对位置不变来获得所要求的零件尺寸。与采用样件（或样板）调整相比，采用试切调整比较符合实际加工情况，故可得到较高的加工精度，但调整费时。因此实际使用时可先根据样件或样板进行初调，然后试切若干工件，再据之做精确微调。这样既缩短了调整时间，又可得到较高的加工精度。

由于采用调整法对工艺系统进行调整时，也要以试切为依据，因此上述影响试切法调整精度的因素，同样对调整法有影响。此外，影响调整精度的因素还有以下几种：

①定程机构误差。在大批大量生产中广泛采用行程挡块、靠模、凸轮等机构保证加工尺寸。这时候这些定程机构的制造精度和调整，以及与它们配合使用的离合器、电气开关、控制阀等的灵敏度就成为调整误差的主要来源。

②样件或样板的误差。包括样件或样板的制造误差、安装误差和对刀误差。这些也是影响调整精度的重要因素。

③测量有限试件造成的误差。工艺系统初调好以后，一般都要试切几个工件，并以其平均尺寸作为判断调整是否准确的依据。由于试切加工的工件数即抽样件数不可能太多，因此不能把整批工件切削过程中各种随机误差完全反映出来。故试切加工几个工件的平均尺寸与总体尺寸不可能完全符合，因而造成误差。

（四）　夹具的制造误差

夹具的制造误差主要是指以下几种误差：

一是定位元件、刀具导向元件、分度机构、夹具体等的制造误差。

二是夹具装配后，以上各元件工作表面间的相对尺寸误差。

三是夹具在使用过程中工作表面的磨损。

夹具的作用是使工件相对于刀具和机床占有正确的位置，夹具的几何误差对工件的加工精度（特别是位置精度）有很大影响。在如图 3-7 所示钻床夹具中，影响工件孔轴线 a 与底面 B 间尺寸 L 和平行度的因素有：钻套轴线 f 与夹具定位元件支承面 c 间的距离和平行度误差，夹具定位元件支承面 c 与夹具体底面 d 的垂直度误差，钻套孔的直径误差等。

在设计夹具时，凡是影响工件精度的尺寸应严格控制其制造误差，精加工用夹具一般可取工件上相应尺寸和位置公差的 $1/2 \sim 1/3$，粗加工用夹具则可取为 $1/5 \sim 1/10$。

夹具元件磨损将使夹具的误差增大。为保证工件加工精度，夹具中的定位元件、导向元件、对刀元件等关键易损元件均须选用高性能耐磨材料制造。

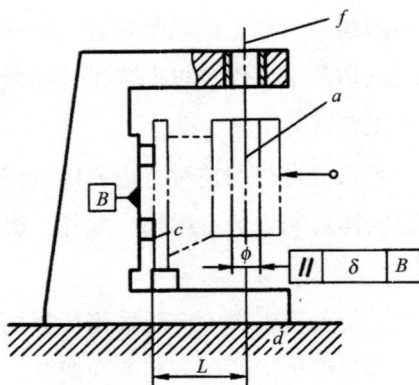

图 3-7　工件在卡具中装夹示意图

（五）刀具的制造误差

刀具误差对加工精度的影响，根据刀具的种类不同而异。

采用定尺寸刀具（如钻头、铰刀、键槽铣刀、镗刀块及圆拉刀等）加工时，刀具的尺寸精度直接影响工件的尺寸精度。

采用成型刀具（如成型车刀、成型铣刀、成型砂轮等）加工时，刀具的形状精度将直接影响工件的形状精度。

展成刀具（如齿轮滚刀、花键滚刀、插齿刀等）的刀刃形状必须是加工表面的共轭曲线。此外，刀刃的形状误差会影响加工表面的形状精度。

对于一般刀具（如车刀、镗刀、铣刀），其制造精度对加工精度无直接影响，但这类刀具的耐用度较低，刀具容易磨损。

二、加工中误差

在机械加工之前，与工艺系统初始状态有关的原始误差（也叫几何误差）会引起工件产生加工误差。除此之外，在机械加工过程中，工艺系统在切削力、传动力、惯性力、夹紧力与重力等外力作用下会产生相应的弹性变形和塑性变形，破坏刀具和工件之间的正确位置关系，使工件产生几何形状误差和尺寸误差；工艺系统的热变形、刀具的磨损也会引起工件产生加工误差。

（一）工艺系统的受力变形对加工精度的影响

1. 工艺系统的刚度

刚度的一般定义是作用力与由它所引起的在作用力方向上的变形量的比值。

将此定义引入工艺系统，并注意误差敏感方向的受力变形，工艺系统的刚度 k_{xt} 可定义为：切削力在加工表面法线方向的分力 F_p 与在总切削力作用下产生的沿法向的变形 y_{xt} 的比值，即

$$k_{xt} = F_p / y_{xt} \tag{3-1}$$

工艺系统在切削力作用下，机床的有关部件、夹具、刀具和工件都会产生不同程度的变形，导致刀具和工件在法线方向的相对位置发生变化，从而产生加工误差。工艺系统在某一处的法向总变形 y_{xt} 是各个组成部分在同一处的法向变形的叠加，即

$$y_{xt} = y_{jc} + y_{jj} + y_{dj} + y_{gj} \tag{3-2}$$

式中：y_{jc}，y_{jj}，y_{dj}，y_{gj} 为机床、夹具、刀具、工件的受力变形。

由式 $k_{xt} = F_p / y_{xt}$ 可知，工艺系统在法向力 F_p 作用下，工艺系统各部分的变形量如下：

$$y_{xt} = F_p / k_{xt} , y_{jc} = F_p / k_{jc} , y_{jj} = F_p / k_{jj} , y_{dj} = F_p / k_{dj} , y_{gj} = F_p / k_{gj} \tag{3-3}$$

代入式 $y_{xt} = y_{jc} + y_{jj} + y_{dj} + y_{gj}$，整理后可得出工艺系统刚度的一般式为：

$$\frac{1}{k_{xt}} = \frac{1}{k_{jc}} + \frac{1}{k_{jj}} + \frac{1}{k_{dj}} + \frac{1}{k_{kj}} \tag{3-4}$$

2. 工艺系统刚度对加工精度的影响

（1）车削加工变形量计算

工艺系统刚度除受各个组成部分的刚度影响之外，还会随着受力点位置变化而变化。现以车床顶尖间加工光轴为例来分析说明（图3-8）。

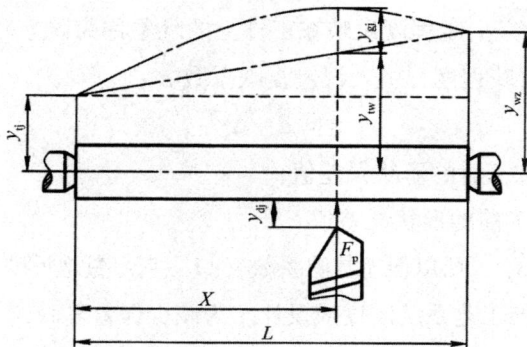

图 3-8　车削加工工艺系统变形量计算

如图 3-8 所示，工件在背向力 F_p 作用下，刀架产生的变形量为 y_{dj}；由头架变形量 y_{tj} 和尾座变形量 y_{wz} 共同作用，导致工件中心线产生的变形量为 y_{tw}；y_{gj} 是

工件受背向力产生的挠曲变形量。根据式 $k_{xt} = F_p/y_{xt}$ 则有：

$$y_{dj} = F_p/k_{dj} \, , \, y_{tj} = \frac{(L-x)F_p}{Lk_{tj}} \, , \, y_{wz} = \frac{xF_p}{Lk_{wz}} \qquad (3-5)$$

根据图 3-8 中几何关系可知：

$$y_{tw} = y_{tj} + \frac{x}{L}(y_{wz} - y_{tj}) = \frac{L-x}{L}y_{tj} + \frac{x}{L}y_{wz} = \frac{(L-x)^2 F_p}{L^2 k_{tj}} + \frac{x^2 F_p}{L^2 k_{wz}} \qquad (3-6)$$

根据材料力学关于简支梁变形的计算公式，切削点处工件的变形量为：

$$y_{kg} = \frac{(L-x)^2 x^2 F_p}{3EIL} \qquad (3-7)$$

则工艺系统在 x 处的总变形量为：

$$y(x) = y_{dj} + y_{tw} + y_{kj} = F_p \left[\frac{1}{k_{dj}} + \frac{1}{k_{tj}} \left(\frac{L-x}{L} \right)^2 + \frac{1}{k_{wz}} \left(\frac{x}{L} \right)^2 + \frac{(L-x)^2 x^2}{3EIL} \right]$$

$$(3-8)$$

由式（3-8）可知，$y(x)$ 是 x 的二次函数，沿工件长度方向上各截面的变形量不同，这就导致了工件加工后不仅会产生尺寸误差，同时还会产生形状误差。

（2）误差复映现象

车削一椭圆截面的短轴（假设毛坯材料硬度均匀），加工时根据设定的尺寸（双点画线圆的位置）调整刀具的切削深度 a_p。显然工件每转一圈，切削深度发生变化，引起切削力大小变化。由于 $a_{pl} > a_{p2}$，则 $F_{pl} > F_{p2}$，引起的工艺系统变形 $y_1 > y_2$。车削后的工件仍呈椭圆形。由此可知，当车削具有圆度误差 $\Delta_m = a_{pl} - a_{p2}$ 的毛坯时，由于工艺系统受力变形，使工件产生相应的圆度误差 $\Delta_w = y_1 - y_2$。这种毛坯误差以一定程度反映在工件上的现象称为误差复映。

为了衡量误差复映程度，引入误差复映系数 ε：

$$\varepsilon = \Delta_w/\Delta_m \qquad (3-9)$$

式中：Δ_w ——工件加工后的形状误差值；

Δ_m ——工件加工前的形状误差值。

Δ_w 通常远小于 Δ_m，所以误差复映系数 $\varepsilon < 1$，它定量地反映了毛坯误差经加工之后的减小程度。ε 与工艺系统刚度成反比。为减少误差复映，一种方法是提高工艺系统刚度，另一种方法是增加走刀次数。经过 n 次走刀加工后，工件误差为：

$$\Delta_w = \varepsilon_1 \varepsilon_2 \cdots \varepsilon_n \Delta_m \qquad (3-10)$$

增加走刀次数，可减小误差复映，提高加工精度，但生产率降低了。因此，提高工艺系统刚度，对减小误差复映系数具有重要意义。

由以上分析可知，当工件毛坯有形状误差（如圆度、圆柱度、直线度等）或相互位置误差（如偏心、径向圆跳动等）时，加工后仍然会有同类型的加工误差出现。在成批大量生产中用调整法加工一批工件时，如毛坯尺寸不一，那么加工后这批工件仍有尺寸不一的误差。

毛坯硬度不均匀，同样会造成加工误差。在采用调整法成批生产情况下，控制毛坯材料硬度的均匀性也是很重要的。

3. 夹紧力、惯性力和重力引起的变形对加工精度的影响

（1）夹紧力引起的加工误差

工件在装夹过程中，由于刚度较低或夹紧力着力点位置不当，都会引起工件的变形，造成加工误差。特别是薄壁套、薄板等零件，易于产生加工误差。如图3-9所示薄壁套，在夹紧前内、外圆都是正圆形。由于夹紧不当，夹紧后套筒呈三棱形，如图3-9（a）所示。镗孔后内孔呈正圆形，如图3-9（b）所示。松开卡爪后内孔又变为三棱形，如图3-9（c）所示。为减小夹紧变形，采用如图3-9（d）所示的开口过渡环或如图3-9（e）所示的专用卡爪可使夹紧力均匀分布，减少夹紧变形。

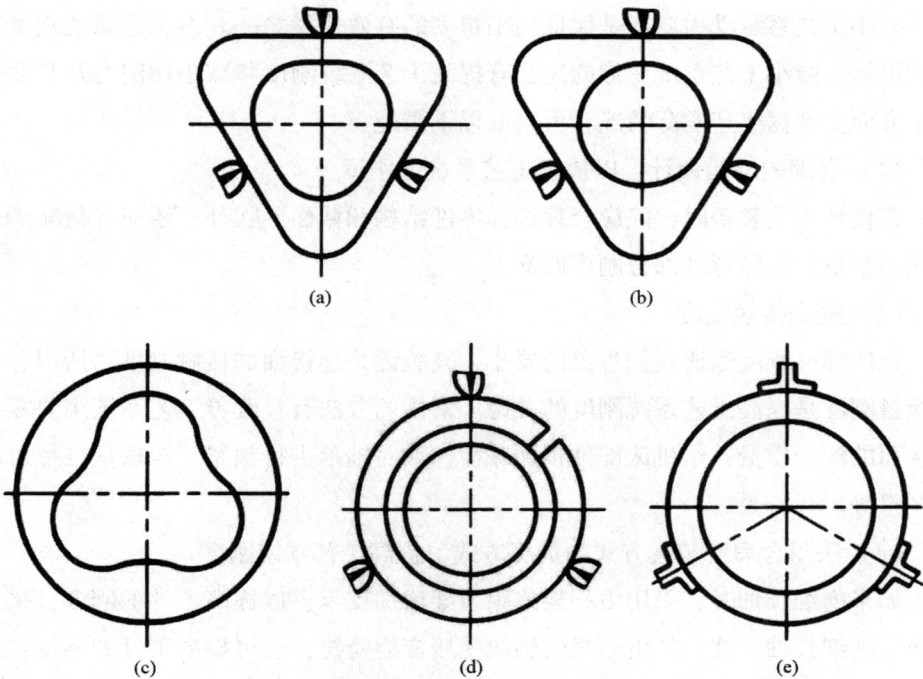

图3-9　夹紧力引起的加工误差

（2）惯性力引起的加工误差

在高速切削过程中，工艺系统中如果存在高速旋转的不平衡构件，就会产生离心力，它在误差敏感方向的分力大小随构件的转角变化呈周期性的变化，由它所引起的变形也相应地变化，而造成工件的径向圆跳动误差。为减小惯性力的影响，可在工件与夹具不平衡质量对称的方位配置一平衡块，使两者的离心力互相抵消。必要时还可适当降低转速，以减小离心力的影响。

（3）机床部件和工件本身重力引起的加工误差

在工艺系统中，由于零部件的自重也会产生变形，如大型立车、龙门铣床、龙门刨床的刀架横梁等。由于主轴箱或刀架的重力而产生变形，摇臂钻床的摇臂在主轴箱自重的影响下产生变形，造成主轴线与工作台不垂直，铣镗床镗杆伸长而下垂变形等，它们都会造成加工误差。

对于大型工件的加工（如磨削床身导轨面），工件自重引起的变形有时成为产生加工形状误差的主要原因，因此在实际生产中，装夹大型工件时，恰当地布置支承可减小工件自重引起的变形，从而减小加工误差。

4. 减小工艺系统受力变形的途径

减小工艺系统受力变形是保证加工精度的有效途径之一。由工艺系统刚度表达式可知，减小工艺系统变形的途径有提高工艺系统刚度和减小切削力及其变化两个方面。根据生产实际情况，可采取以下措施：

（1）合理的结构设计，以提高工艺系统的刚度

在设计工艺装备时，除应合理选择零件结构和截面形状外，还应尽量减少连接面的数量，并注意各部分刚度匹配。

（2）提高接触刚度

机床部件刚度远比我们想象的要小，其关键是连接面的接触刚度。所以，提高接触刚度是提高工艺系统刚度的关键。常用的方法有：改善工艺系统主要零件接触面的配合质量；给机床部件预加载荷，如对轴承进行预紧、滚珠丝杠螺母副的调整等。

（3）采用合理的装夹方式和加工方式，提高工艺系统刚度

如车削细长轴时，采用中心架或跟刀架增加支承，以提高工件的刚度；采用反向车削细长轴，使工件由原来的轴向受压变为受拉，也可提高工件的刚度；当加工呈悬臂加工状态时，设法通过增加支承改成简支梁状态，提高刚度；在机床上安装工件时，尽量降低工件的重心。例如在卧式铣床上铣一零件的端面，采用

如图 3-10（a）所示的装夹方式和铣削方式，工艺系统的刚度就低；如果将工件平放，改用如图 3-10（b）所示的端铣刀加工，不但增大了定位基面的面积，还使加紧点更靠近加工面，可以显著提高工艺系统刚度。

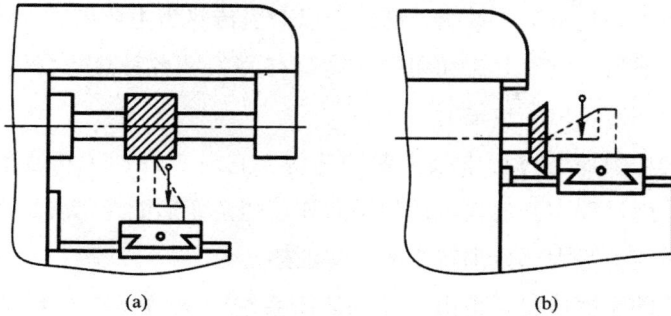

（a）　　　　　　　　　　　　　（b）

图 3-10　零件装夹方式对刚度的影响

（4）减小切削力及其变化

改善毛坯制造工艺，减小加工余量，适当增大刀具的前角和后角，改善工件材料的切削性能等均可减小切削力。为控制和减小切削力的变化幅度，应尽量使一批工件的材料性能和加工余量保持均匀。

（二）工艺系统热变形对加工精度的影响

在机械加工过程中，工艺系统会受到各种热的影响而产生热变形，这种变形将破坏刀具与工件的正确几何关系和运动关系，造成加工误差。

热变形对加工精度的影响比较大，特别是在精密加工和大件加工中，热变形所引起的加工误差通常会占到工件加工总误差的 40%～70%。

工艺系统热变形不仅影响加工精度，还影响加工效率。因为为减少受热变形对加工精度的影响，通常需要预热机床以获得热平衡，或降低切削用量以减少切削热和摩擦热，或粗加工后停机以待热量散发后再进行精加工，或增加工序（使粗、精加工分开）等。

高精、高效、自动化加工技术的发展，使工艺系统热变形问题变得更加突出，成为现代机械加工技术发展必须研究的重要问题。工艺系统是一个复杂系统，有许多因素影响其热变形，因而控制和减小热变形对加工精度的影响往往比较复杂。目前，无论在理论上还是在实际上，都有许多问题尚待研究解决。

1. 工艺系统的热源和热平衡

热是由高温处向低温处传递。热的传递方式有三种，即导热传热、对流传热和辐射传热。

引起工艺系统变形的热源可分为内部热源和外部热源两大类。内部热源主要指切削热和摩擦热，它们产生于工艺系统内部，其热量主要是以热传导的形式传递。外部热源主要是指工艺系统外部的、以对流传热为主要形式的环境温度（它与气温变化、通风、空气对流和周围环境等有关）和各种热辐射（包括由阳光、照明、暖气设备等发出的热辐射）。

切削热是切削加工过程中最主要的热源，它对工件加工精度的影响最为直接。在切削磨削过程中，消耗于切削层的弹、塑性变形能及刀具、工件和切屑之间摩擦的机械能，绝大部分都转变成了切削热。

工艺系统的摩擦热主要是由机床和液压系统中运动部件产生的，如电动机、轴承、齿轮、丝杠副、导轨副、离合器、液压泵、阀等各运动部分产生的摩擦热。尽管摩擦热比切削热少，但摩擦热在工艺系统中是局部发热，会引起局部温度升高和变形，破坏了系统原有的几何精度，对加工精度也会带来严重影响。

外部热源的热辐射及周围环境温度对机床热变形的影响，有时也是不容忽视的。例如在加工大型工件时，往往要昼夜连续加工，由于昼夜温度不同，引起工艺系统的热变形就不一样，从而影响了加工精度。又如照明灯光、加热器等对机床的热辐射，往往是局部的，日光对机床的照射不仅是局部的，而且不同时间的辐射热量和照射位置也不同，因而会引起机床各部分不同的温升和变形，这在大型、精密加工时尤其不能忽视。

工艺系统的热源虽然既有来自内部的又有来自外部的，但主要热源是系统内部的切削热和摩擦热。在各种热源的作用下，工艺系统各组成部分的温度渐渐升高，同时，它们通过各种传热方式向周围散发热量。当单位时间内传入和散发的热量相等时，工艺系统达到了热平衡状态，而工艺系统的热变形也就达到某种程度的稳定。

由于作用于工艺系统各组成部分的热源，其发热量、位置和作用的时间各不相同，各部分的热容量、散热条件也不一样，处于不同的空间位置上的各点在不同时间其温度也是不等的。系统在工作一定时间后，温度才逐渐趋于稳定，其精度也比较稳定。因此，精密加工应在热平衡状态下进行。

2. 机床热变形引起的误差

由于机床热源的不均匀性及其结构的复杂性，形成不均匀的温度场，使机床各部分的变形程度不等，从而破坏了机床原有的几何精度，降低了机床的加工精度。由于各类机床的结构和工作条件相差很大，其主要热源各不相同，热变形引起的加工误差也不相同。

车、铣、钻、镗类机床，主要热源是主轴箱轴承的摩擦热和主轴箱中油池的发热，导致主轴箱及其他相连接部分（如床身或立柱）的温度升高，从而引起主轴的抬高和倾斜。如图 3-11 所示为车床热变形趋势。车床主轴箱的温升导致主轴线抬高，主轴前轴承的温升高于后轴承又使主轴倾斜，主轴箱的热量经油池传到床身，导致床身中凸，更促使主轴线向上倾斜，最终导致主轴回转轴线与导轨的平行度误差，使加工后的零件产生圆柱度误差。

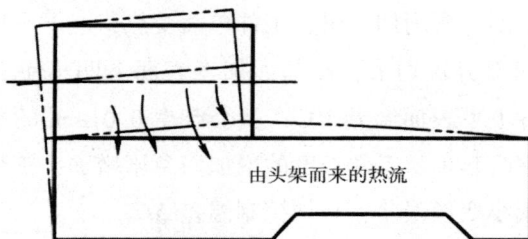

由头架而来的热流

图 3-11　车床的热变形

磨床类机床通常都有液压传动系统并配有高速磨头，它的主要热源为砂轮主轴承的发热和液压系统的发热。主要表现在砂轮架位移，工件头架的位移和导轨的变形。其中，砂轮架的回转摩擦热影响最大，而砂轮架的位移，直接影响被磨工件的尺寸。对于大型机床（如导轨磨床、外圆磨床、立式车床、龙门铣床等）的长床身部件，机床床身的热变形将是影响加工精度的主要因素。

3. 工件热变形引起的加工误差

工件的热变形主要是由切削热引起的，对于大型或精密零件，外部热源如环境温度、日光等辐射热的影响也不可忽视。由于工件结构尺寸的差异，工件受热有两种情况。

（1）工件均匀受热

对于一些形状简单、对称的零件，如轴、套筒等，加工时（如车削、磨削）切削热能较均匀地传入工件，工件热变形量可按式（3-11）估算：

$$\Delta L = \alpha L \Delta t \tag{3-11}$$

式中：α ——工件材料的热胀系数（℃$^{-1}$）；

L ——工件在热变形方向的尺寸（长度或直径）（mm）；

Δt ——工件温升（℃）。

对于较短的轴类零件，由于刀具切削行程短，轴向热变性引起的误差可忽略不计。但对于较长的轴类零件，开始切削时，工件温升为零，随着切削加工的进行，工件温度逐渐升高而使直径逐渐增大，增大量被刀具切除。因此，加工完的工件冷却后将呈现锥形。加工丝杠时，工件的热伸长成为影响螺距误差的主要因素。对于一根长度为 400mm 的丝杠，如果每磨削一次温度升高 1℃，则被磨削丝杠将伸长 4.7μm。而 5 级丝杠的螺距累积误差在 400mm 长度上不允许超过 5μm。可见，热变形对工件加工精度影响之大。

（2）工件不均匀受热

平面在刨削、铣削、磨削加工时，工件单面受热，上下平面间产生温差导致工件呈现中凸。凸起部分被切去，冷却后加工表面下凹，使工件产生平面度误差。一般来说，工件上下表面温差 1℃，就会产生 0.01mm 的平面度误差。工件不均匀受热时，工件凸起量随工件长度的增加而急剧增加，工件厚度越薄，工件凸起量就越大。要减小变形误差，必须控制温差 Δt。

如图 3-9 所示，磨削薄片类工件的平面，就属于不均匀受热的情况，上下表面间的温差将导致工件中部凸起，加工中凸起部分被切去，冷却后加工表面呈中凹形，产生形状误差。

在图 3-12 中，由于中心角 φ 值很小，故中性层的弦长可近似看作等于工件原长 L。工件凸起量 Δf 可计算如下：

$$\Delta f = \frac{L}{2}\tan\frac{\varphi}{4} = \frac{L}{8}\varphi \tag{3-12}$$

$$\alpha L\Delta t = B\widehat{D} - A\widehat{C} = (AO + AB)\varphi - AO\varphi = AB\varphi$$

所以：

$$\varphi = \frac{aL\Delta t}{H} \tag{3-13}$$

将 φ 值代入前式可得：

$$\Delta f \approx \frac{\alpha L^2 \Delta t}{8H} \tag{3-14}$$

由式（3-14）可知，工件凸起量与工件长度 L 的平方成正比，且工件越薄，即 H 值越小，工件的凸起量就越大。

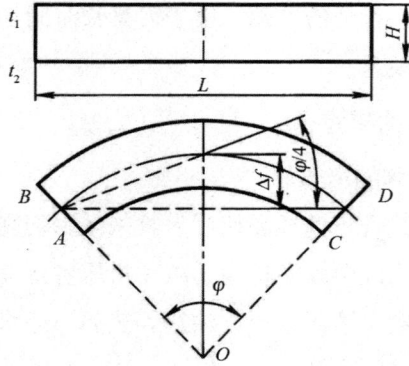

图 3-12 不均匀受热引起的热变形

4. 刀具热变形引起的加工误差

刀具热变形主要是由切削热引起的。传给刀具的热量虽不多，但由于刀具切削部分体积小而热容量小，切削部分仍产生很高的温升。如高速钢刀具车削时刃部的温度可高达 700~800℃，而硬质合金刀刃部可达 1000℃ 以上。这样，不但刀具热伸长影响加工精度，而且刀具的硬度也会下降。

如图 3-13 所示为车刀热变形伸长与切削时间的关系。连续车削时，车刀的热变形情况如曲线 A，经过 10~20min，即可达到热平衡，车刀热变形影响很小；当车刀停止车削后，刀具冷却变形过程如曲线 B；当车削一批短小轴类工件时，加工时断时续（如装卸工件）间断切削，变形过程如曲线 C。因此，在开始切削阶段，其热变形显著；在热平衡后，对加工精度的影响则不明显。

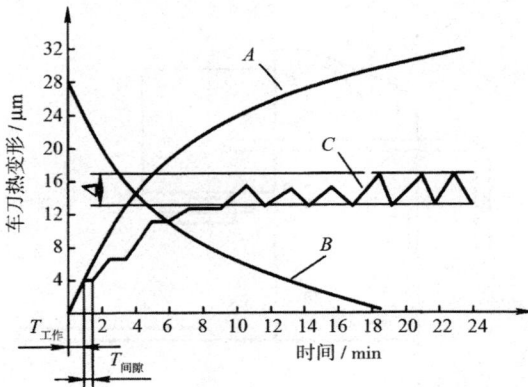

图 3-13 车刀热变形伸长与切削时间的关系

对于大型零件，刀具热变形往往造成被加工工件的几何形状误差。例如，车削长轴或在立车上加工大直径的平面，由于刀具长时间切削而逐渐膨胀，造成工件出现圆柱度或平面度误差。

5. 减少热变形影响的措施

（1）减少热源发热和隔离热源

通过控制切削用量，合理选择和使用刀具来减少切削热；从运动部件的结构和润滑等方面采取措施，改善摩擦特性，减少机床各运动副的摩擦热。从机床上分离出如电动机、变速箱、液压系统、油箱等热源，还可采用隔热材料将发热部件与机床的床身、立柱等隔离开。

（2）加强散热能力

采用有效的冷却措施，如增加散热面积或使用强制性的风冷、水冷、循环润滑等。在精密加工时，为增加冷却效果，控制切削液的温度是很必要的。例如，大型精密丝杠磨床采用恒温切削液淋浴工件，机床的空心母丝杠也通入恒温油，以降低工件与母丝杠的温度。

（3）均衡温度场

当机床零部件温升均匀时，机床本身就呈现一种热稳定状态，从而使机床产生不影响加工精度的均匀热变形。图3-14为立式平面磨床采取的均衡温度场的措施。由风扇排出主轴箱内的热空气，经管道通向防护罩和立柱后壁的空间，然后排出。这样使原来温度较低的立柱后壁温度升高，以均衡立柱前后壁的温升，减小立柱的向后倾斜。这种措施可使被加工零件的平面度误差降到未采取措施前的 1/3~1/4。

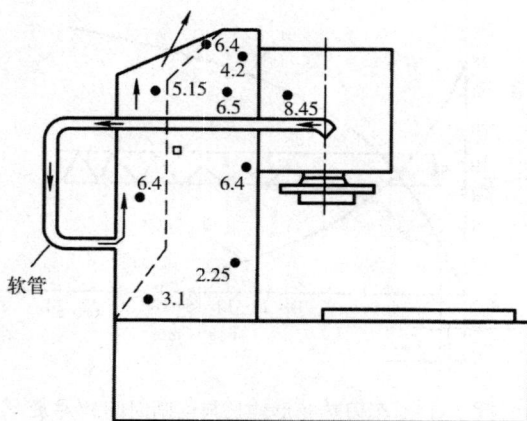

图 3-14　均衡立柱前后壁的温度场

（4）采用合理的机床结构

如在变速箱中，可将轴、轴承、传动齿轮等对称布置，使箱壁温升均匀，箱体变形减小。机床大件的结构和布局对机床的热态特性有很大影响。以加工中心为例，在热源影响下，单立柱结构会产生相当大的扭曲变形，而双立柱结构由于左右对称，仅产生垂直方向的热位移，很容易通过调整的方法予以补偿。

（5）控制环境温度

精密机床一般应安装在恒温车间，其恒温精度一般控制在±1℃以内，精密级的机床为±0.5℃，超精密级的机床为±0.01℃。恒温室平均温度一般为20℃，冬季可取17℃，夏季取23℃。对精加工机床应避免阳光直接照射，布置取暖设备也应避免使机床受热不均匀。

（三）刀具磨损对加工精度的影响

任何工具在切削过程中都会不可避免地产生磨损，并由此引起工件尺寸和形状误差。例如：用成型刀具加工时，刀具刃口的不均匀磨损将直接复映在工件上，造成型状误差；在加工较大表面（一次走刀需要较长时间）时，刀具的尺寸磨损会严重影响工件的形状精度；用调整法加工一批工件时，刀具的磨损会扩大工件尺寸的分散范围。

刀具尺寸磨损是指刀刃在加工表面法线方向（误差敏感方向）上的磨损量 NB，如图 3-15（a）所示。它直接反映出刀具磨损对加工精度的影响。

刀具尺寸磨损的过程可以分为三个阶段，如图 3-15（b）所示。初期磨损阶段（$l < l_0$）、正常磨损阶段（$l_0 \sim l'$）和急剧磨损阶段（$l > l'$）。在刀具新刃磨切削初期，刀具的磨损较剧烈，这段时间的刀具磨损量称为初期磨损量 NB_0；在正常磨损阶段，尺寸磨损与切削路程成正比；在急剧磨损阶段，刀具已经不能

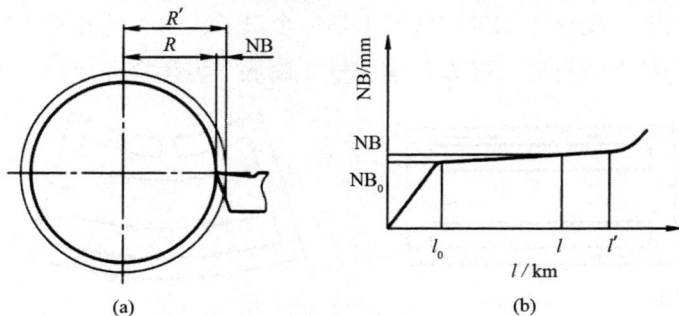

图 3-15 刀具磨损引起的加工误差

正常工作。因此，在达到急剧磨损阶段前就必须重新磨刀。选用新型耐磨刀具材料，合理选用刀具几何参数和切削用量，正确刃磨刀具，正确采用冷却润滑液等，均可减少刀具的尺寸磨损。必要时，还可以采用补偿装置对刀具尺寸磨损进行自动补偿。以上方法均可以减少因刀具的尺寸磨损引起的加工误差。

三、加工后误差

（一）工件内应力引起的变形

内应力亦称残余应力，是指没有外力作用下或去除外力作用后残留在工件内部的应力。工件一旦有内应力产生，就会使工件材料处于一种高能位的不稳定状态，它本能地要向低能位转化，转化速度或快或慢，但迟早是要转化的，转化的速度取决于外界条件。当带有内应力的工件受到力或热的作用而失去原有的平衡时，内应力就将重新分布以达到新的平衡，并伴随有变形发生，使工件产生加工误差。

1. 内应力的产生及其变形

（1）毛坯制造和热处理过程中产生的内应力

在铸造、锻压、焊接及热处理等过程中，由于零件壁厚不均匀，使得各部分热胀冷缩不均匀以及金相组织转变时的体积变化，使毛坯内部产生相当大的内应力。毛坯的结构越复杂、壁厚越不均匀、散热条件差别越大，毛坯内部产生的内应力也越大。具有内应力的毛坯，内应力暂时处于相对平衡状态，变形缓慢，但当切去一层金属后，就打破了这种平衡，内应力重新分布，工件就明显地出现了变形。

如图 3-16 所示为一个内外壁厚相差较大的铸件，在浇铸后的冷却过程中，由于壁 A、壁 C 和壁 B 的壁厚差，导致冷却速度不等。当壁 A 和壁 C 冷却至弹性状态时，壁 B 的收缩就受到壁 A 及 C 的牵制。于是出现了图示的应力状态：壁 B 受拉，壁 A 及壁 C 受压。如果在壁 C 上切一个口子，由于壁 C 的压应力消失，原来的应力平衡状态被打破。壁 B 收缩，壁 A 膨胀，发生弯曲变形。

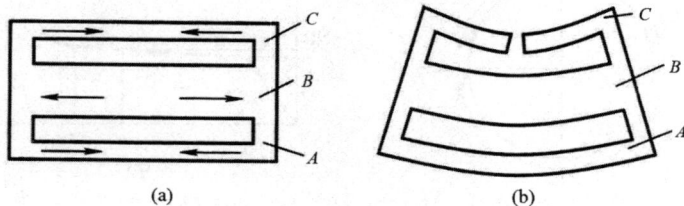

(a)　　　　　　　　　　(b)

图 3-16　铸件内应力引起的变形

（2）冷校直产生的内应力

实际生产中，常采用冷校直的方法校直弯曲的工件。如图 3-17（a）所示，一弯曲的细长轴，在外力 F 的作用下使工件向相反的方向弯曲产生塑性变形，以达到校直的目的。在外力 F 的作用下工件内部内应力的分布，如图 3-17（b）所示；当外力 F 去除后残余应力重新分布，如图 3-17（c）所示。综上分析可知，一个外形弯曲但没有内应力的工件，经过冷校直后外形是校直了，但在工件内部却产生了附加内应力。这种应力平衡状态一旦被破坏之后（或由于在轴上切掉了一层金属材料，或由于其他外界条件变化），工件还会朝着原来的弯曲方向变回去。因此，高精度丝杠的加工，不允许用冷校直的方法来减小弯曲变形，而是用多次人工时效来消除残余内应力。

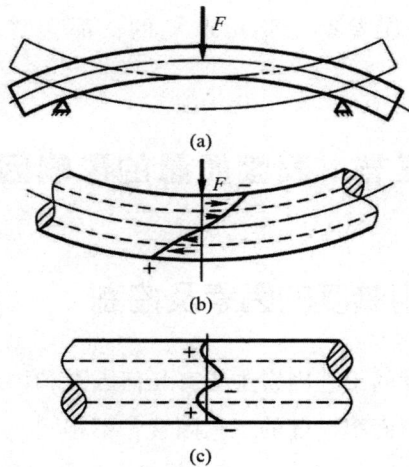

图 3-17　冷校直引起的内应力

（3）切削加工产生的内应力

切削（含磨削）过程中产生的力和热，也会使被加工工件的表面层变形，产生内应力。这种内应力的分布情况，取决于力和热因素中的主导因素。

2. 减少内应力的措施

（1）合理设计零件结构

在零件结构设计中，尽量做到结构对称，壁厚均匀，以消除内应力产生的隐患。

（2）合理安排零件制造工艺

毛坯在进入机械加工之前，应安排预备热处理，如退火、正火、时效等。重要零件在粗加工后须适当安排时效处理；对于一些精密零件，应在工序间多安排时效处理。对工件的重要表面应注意粗、精加工分开，使粗加工后有一定的间隔时间让内应力重新分布，以减少对精加工的影响。

（二）测量误差引起的加工误差

在加工后，必须对工件进行检验才能确定加工是否合格，检验的手段多种多样，用量具进行测量是最基本的一种检验手段。但是测量过程包含人的因素、测量仪器的因素、外界环境的因素等都会引起测量误差的产生，主要体现在：①计量器具的误差，计量器具本身就有误差，在设计、制造和使用过程中都会产生；②方法误差，方法误差是指测量方法的不完善引起的误差；③环境误差，不符合测量条件的环境引起的误差；④人员误差，测量人员的差错也会导致误差的产生。这些误差都是不可避免的，都会对加工结果产生一定的影响。

第三节　表面质量的影响因素

一、影响表面粗糙度的因素及控制

影响加工表面粗糙度的工艺因素主要有几何因素和物理因素两个方面。不同的加工方式，影响加工表面粗糙度的工艺因素各不相同。

（一）切削加工中影响表面粗糙度的因素

切削加工表面粗糙度值主要取决于切削残留面积的高度。

1. 刀具几何形状的影响

切削加工后的表面粗糙度是刀具相对工件做进给运动时，在加工表面上遗留下来的切削层残留面积，如图 3-18 所示。切削层残留面积的高度越高，表面粗糙度值就越高。影响表面粗糙度的主要因素有：刀尖圆弧半径 r_ε、主偏角 κ_r、副偏角 κ'_r 及进给量 f 等。

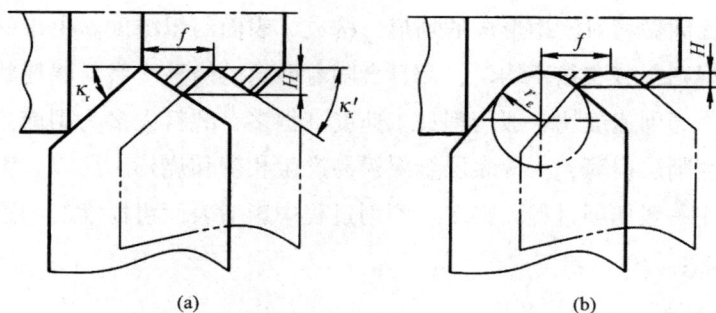

图 3-18　切削层残留面积

当用尖刀刃切削时，切削层残留面积高度为：

$$H = \frac{f}{\cot\kappa_r + \cot\kappa'_r} \tag{3-15}$$

当用圆弧刀刃切削时，切削层残留面积高度为：

$$H = \frac{f^2}{8r_\varepsilon} \tag{3-16}$$

由式（3-15）和式（3-16）可知：减小进给量，减小刀具的主、副偏角，增大刀尖圆弧半径可以减小表面粗糙度。事实上，刀具前角 γ_o 和后角 α_o 对表面粗糙度也有一定的影响。如增大前角 γ_o 可以减小材料的塑性变形，有利于降低粗糙度。适当增大后角 α_o 可以减小后刀面与工件的摩擦，也有利于降低粗糙度。

2. 切削用量的影响

切削用量三要素中，进给量对表面粗糙度影响最大。但切削速度的影响也不能忽视。采用低、中切削速度加工塑性金属材料时容易出现鳞刺和积屑瘤，使加工表面粗糙度严重恶化。刀具与被加工材料的挤压与摩擦使金属材料发生塑性变形，也会增大表面粗糙度。切削加工中的振动，使工件的表面粗糙度增大。

3. 零件材料性能的影响

被加工材料的塑性和金相组织对表面粗糙度的影响也很大。材料的塑性大，易形成鳞刺和积屑瘤。材料的晶粒越大，加工后的表面粗糙度也越大。对材料进行调质处理有助于改善加工后的表面粗糙度。

另外，合理选择冷却润滑液有利于减小加工表面的粗糙度。

（二）磨削中影响表面粗糙度的因素

磨削加工与切削加工有许多不同之处。磨削时由于分布在砂轮表面上的磨粒与被磨削表面间做相对滑擦形成的划痕，构成了表面的粗糙度。由于砂轮上的磨粒形状很不规则，分布很不均匀，而且会随着砂轮的修整、磨料磨耗状态的变化而不断改变。磨削速度比一般切削加工速度高得多，磨料大多为副前角，磨削区温度很高，磨削层很薄，工件表层金属极易产生相变和烧伤。所以，磨削过程的塑性变形要比一般切削过程大得多。磨削过程中影响表面粗糙度的因素可从以下三个方面考虑：

1. 砂轮方面

砂轮的粒度越小，越有利于降低表面粗糙度。但粒度过小，砂轮容易堵塞，反而使表面粗糙度增大，还易引起烧伤。砂轮硬度应大小合适，半钝化期越长越好，砂轮过硬或过软，都不利于降低表面粗糙度，常选用中等组织的砂轮。砂轮的修整质量是改善表面粗糙度的重要因素。修整质量的好坏与所用工具和修整砂轮时的纵向进给量有关。

2. 磨削用量

磨削用量包括砂轮速度 v、工件速度 v_w、磨削深度 a_p 和纵向进给量 f。提高砂轮速度有利于降低表面粗糙度；工件速度、磨削深度和纵向进给量增大，均会使表面粗糙度增大。其中，磨削深度对表面粗糙度的影响相当大。增加"无进给光磨"次数可以降低表面粗糙度。在磨削过程中可以先采用较大的磨削深度，再采用较小的磨削深度，最后无进给磨削几次。

3. 其他方面

工件材料硬度越小，塑性大，导热性差，磨削性差，磨削后的表面粗糙度大。采用切削液可以降低磨削区温度，减小烧伤，有利于降低表面粗糙度，但必须选择合适的冷却液和切实可行的冷却方法。

二、表面层物理机械性能的影响因素及控制

由于受到切削力和切削热的作用，表面金属层的力学物理性能会产生很大的变化，最主要的变化是表层金属显微硬度的变化，即表面层金属的加工硬化和在表层金属中产生的残余应力。

（一）表面层金属的加工硬化（冷作硬化）

1. 表面层金属的加工硬化（冷作硬化）概述

切削（磨削）过程中产生的塑性变形，会使表层金属的晶格发生畸变，晶

粒间产生剪切滑移，晶粒被拉长，甚至破碎，从而使表层金属的硬度和强度提高，这种现象称为加工硬化或冷作硬化。加工硬化通常用冷硬层的深度 h、表面层的显微硬度 HV 以及硬化程度 N 来表示。其中 $N = HV/HV_0$，HV_0 为材料原来的显微硬度。

金属冷作硬化的结果，使金属处于高能位不稳定状态，只要一有条件，金属的冷硬结构本能地向比较稳定的结构转化，这些现象称为弱化。机械加工过程中产生的切削热，将使金属在塑性变形中产生的冷硬现象得到恢复。

由于金属在机械加工过程中同时受到力和热的作用，机械加工后表面层金属的最后性质取决于强化和弱化两个过程的综合。影响表面层加工硬化的因素有切削力、变形速度和切削温度（变形时的温度）。概括来说，切削力越大，塑性变形越大，硬化程度越大。变形速度越大，塑性变形越不充分，硬化程度也就随之降低。变形时的温度不仅影响塑性变形的程度，也会影响变形后金相组织的恢复。因此，表层金属加工硬化是强化作用和恢复作用的综合结果。切削温度越高，高温持续时间越长，强化程度越大，则恢复作用也就越强。

2. 影响切削加工表层金属加工硬化的主要因素

（1）刀具几何参数的影响

切削刃钝圆半径的大小对切屑形成过程的进行有决定性影响。试验证明，已加工表面的显微硬度随着切削刃钝圆半径的加大而明显增大。这是因为切削刃钝圆半径增大，径向切削力也将随之增大，表层金属的塑性变形程度加剧，导致冷硬增大。所以，刀具刃口钝圆半径增大，加工硬化程度增大；前角减小，加工硬化程度增大。

后刀面磨损 VB 值对硬化层深度的影响如图 3-19 所示。刀具磨损对表面层金属的冷硬影响很大。由图 3-19 可知，刀具后刀面磨损宽度 VB 从 0 增大到 0.2mm，表层金属的显微硬度由 HV220 增大到 HV340，这是由于磨损宽度加大之后，刀具后刀面与被加工工件的摩擦加剧，塑性变形增大，导致表面冷硬增大。但磨损宽度继续加大，摩擦热急剧增大，弱化趋势明显增大，表层金属的显微硬度逐渐下降，直至稳定在某一水平上。后角、主副偏角及刀尖圆弧半径等对表层金属的冷硬影响不大。

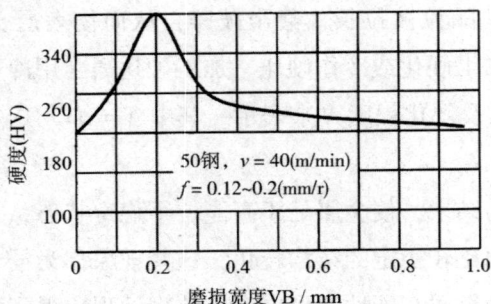

图 3-19 后刀面磨损对表面硬化的影响

（2）被加工工件材料

工件材料塑性越大，加工硬化倾向越大，硬化程度越严重。碳钢中含碳量越大，强度越高，其塑性越小，因而冷硬程度越小。有色合金金属的熔点低，容易弱化，冷作硬化现象比钢材轻得多。

（3）切削用量

切削加工时，切削用量中以进给量和切削速度的影响最大。总的来说，切削速度和进给量 f 的增大会使加工硬化程度增大。但切削速度对冷硬程度的影响是力因素和热因素综合作用的结果，不同的速度阶段对冷硬的主导因素不同。当切削速度增大时，刀具与工件的作用时间减少，使得塑性变形的扩展深度减小，因而冷硬深度减小；当切削速度进一步增大时，切削热在工件表面层上的作用时间也缩短了，将使冷硬程度增加。切削深度 a_p 对表层金属冷作硬化的影响不明显。

3. 影响磨削加工表面冷作硬化的因素

（1）工件材料性能的影响

分析工件材料对磨削表面冷作硬化的影响，可以从材料的塑性和导热性两个方面着手进行。磨削高碳工具钢 T8，加工表面冷硬程度平均可达 60%~65%，个别可达 100%；而磨削纯铁时，加工表面冷作硬化程度可达 75%~80%，有时可达 140%~150%。其原因是纯铁的塑性好，磨削时的塑性变形大，强化倾向大。此外，纯铁的导热性比高碳工具钢高，热不容易集中于表面层，弱化倾向小。

（2）磨削用量的影响

加大磨削深度 a_p，磨削力随之增大，磨削过程的塑性变形加剧，表面冷硬倾向增大。

加大纵向进给速度，每颗磨粒的切屑厚度随之增大，磨削力增大，冷硬增大。但提高纵向进给速度，有时又会使磨削区产生较大的热量而使冷硬减小。加工表面的冷硬状况要综合考虑上述两种因素的作用。总之，在磨削加工时，工件转速增大，加工硬化程度增大；磨削深度增大，加工硬化程度增大，磨削速度 v 增大，会使切削温度明显升高，加工硬化程度将会减小。

（3）砂轮粒度的影响

砂轮的粒度越大，每颗磨粒的载荷越小，冷硬程度也越小。

（二）表面层金属的残余应力

在机械加工过程中，当表层金属组织发生形状变化、体积变化或金相组织变化时，将在表面层的金属与其基体间产生相互平衡的残余应力。

1. 切削（磨削）过程中形成表面层金属残余应力的原因

（1）冷态塑性变形

在切削力作用下，加工表面受到切削刃钝圆部分与后刀面的挤压与摩擦，使晶格扭曲，表面层金属比容增大，体积膨胀。但受到与它相连的内层金属的牵制，故加工后表层金属产生残余压应力（−），里层产生残余拉应力（+）。

（2）热态塑性变形

切削加工中，在切削热作用下，已加工表面的温度往往很高而产生热膨胀，此时表层产生热压应力。加工后，表层已产生的热塑性变形收缩受到内层金属的阻碍。故加工后表面层残余应力为拉应力（+），里层则产生残余压应力（−）。在磨削时，磨削温度越高，热塑性变形越大，残余拉应力也越大，有时甚至会产生裂纹。

（3）金相组织变化

当加工表面温度超过工件材料的相变温度时，其金相组织将会发生相变。不同的金相组织有不同的密度，故相变会引起体积变化。由于基体材料的限制，表面层金属体积膨胀时会产生残余压应力，缩小时会产生残余拉应力。磨削淬火钢时，如果表面层产生回火，其金相组织由马氏体转化为索氏体或托氏体，表层金属密度增大而体积缩小。表面层将产生残余拉应力，里层将产生残余压应力。

实际加工后，表面层残余应力是上述三个方面因素综合作用的结果。冷态塑性变形占主导地位时，表面层会产生残余压应力；而热塑性变形占主导地位时，表面层则会产生残余拉应力。

2. 影响车削表层金属残余应力的工艺因素

研究结果表明，车削时表面残余应力的数值在 200~800MPa 范围内变化。使用磨钝的车刀加工时，残余应力可达 1000MPa。

（1）切削速度和被加工材料的影响

在低速车削时，切削热的作用起主导作用，表层产生拉伸残余应力。随着切削速度的提高，表层温度逐渐提高至淬火温度，表层金属产生局部淬火，金属的比容开始增大，金相组织变化因素开始起作用，致使拉伸残余应力的数值逐渐减小。当高速切削时，表层金属的淬火进行得较充分，表面层金属的比容增大，金相组织变化因素起主导作用，因而在表层金属中产生了压缩残余应力。

（2）进给量的影响

加大进给量，会使表层金属的塑性变形增加，切削区发生的热量也将增加。加大进给量的结果，会使残余应力的数值及扩展深度均相应增大。

（3）前角的影响

前角对表层金属残余应力的影响极大。以 150m/min 的切削速度车削 45 钢，当前角由正值变为负值或继续增大负前角时，拉伸残余应力的数值减小。当以 750m/mim 的切削速度车削 45 钢时，前角的变化将引起残余应力性质的变化。刀具负前角很大 （−30°~−50°） 时，表层金属发生淬火反应，表层金属产生压缩残余应力。

当车削容易发生淬火反应的 18CrNiMoA 时，在 150m/min 的切削速度下，用前角为−30°的车刀切削，就能使表层金属产生压缩残余应力；而当切削速度增加到 750m/min 时，用负前角车刀加工都会使表面层产生压缩残余应力；只有在采用较大的正前角车刀加工时，才会产生拉伸残余应力。前角的变化不仅影响残余应力的数值和符号，而且在很大程度上影响残余应力的扩展深度。

此外，切削刃的钝圆半径、刀具磨损状态等都对表层金属残余应力的性质及分布有影响。

3. 影响磨削残余应力的工艺因素

磨削加工中，塑性变形严重且热量大，工件表面温度高，热因素和塑性变形对磨削表面残余应力的影响都很大。在一般磨削中，若热因素起主导作用，工件表面将产生拉伸残余应力；若塑性变形起主导作用，工件表面将产生压缩残余应力；当工件表面温度超过相变温度且又冷却充分时，工件表面出现淬火烧伤，此时金相组织变化因素起主要作用，工件表面将产生压缩残余应力。在精细磨削时，塑性变形起主导作用，工件表层金属产生压缩残余应力。

（1）磨削用量的影响

磨削深度对表面层残余应力的性质、数值有很大影响。在磨削工业铁时，磨削深度对残余应力的影响规律如下：当磨削深度很小（$a_p = 0.005mm$）时，塑性变形起主要作用，因此磨削表面形成压缩残余应力。继续加大磨削深度，塑性变形加剧，磨削热随之增大，热因素的作用逐渐占主导地位，在表层产生拉伸残余应力，且随着磨削深度的增大，拉伸残余应力的数值将逐渐增大。当 $a_p >$ 0.025mm 时，尽管磨削温度很高，但因工业铁的含碳量极低，不可能出现淬火现象，此时塑性变形因素逐渐起主导作用，表层金属的拉伸残余应力数值逐渐减小；当 a_p 取值很大时，表层金属呈现压缩残余应力状态。

提高砂轮速度，磨削区温度升高，而每颗磨粒所切除的金属层厚度减小，此时热因素的作用增大，塑性变形因素的影响减小，因此提高砂轮速度将使表层金属产生拉伸残余应力的倾向增大。

加大工件的回转速度和进给速度，将使砂轮与工件热作用的时间缩短，热因素的影响逐渐减小，塑性变形因素的影响逐渐增大。这样，表层金属中产生拉伸残余应力的趋势逐渐减小，而产生压缩残余应力的趋势逐渐增大。

（2）工件材料的影响

一般来说，工件材料的强度越高、导热性越差、塑性越低，在磨削时表面金属产生拉伸残余应力的倾向就越大。碳素工具钢 T8 比工业铁强度高，材料的变形阻力大，磨削时发热量也大，且 T8 的导热性比工业铁差，磨削热容易集中在表面金属层，再加上 T8 的塑性低于工业铁，因此磨削碳素工具钢 T8 时，热因素的作用比磨削工业铁明显，表层金属产生拉伸残余应力的倾向比磨削工业铁大。

三、表面层金相组织变化的影响因素及控制

在机械加工过程中，表面层金属除发生加工硬化及产生残余应力，还会因为高温引起表层金属的氧化及金相组织的改变，从而对表面层金属的化学性能也产生影响。

（一） 机械加工表面金相组织的变化与磨削烧伤

机械加工过程中，在工件的加工区及其临近区域，将产生一定的温升。当温度超过金相组织变化的临界点时，金相组织就会发生变化。磨削加工时所消耗的能量绝大部分转化为热，单位面积上产生的切削热比一般切削方法要大几十倍，

且有 70% 以上的热量传给工件，使工件非常易于达到相变点，导致加工表面层金属金相组织发生变化，造成表层金属的强度和硬度降低，并产生残余应力，甚至会出现微观裂纹，这种现象称为磨削烧伤。因此，磨削是一种典型的容易产生加工表面金相组织变化（磨削烧伤）的加工方法。

磨削烧伤的实质是材料表面层的金相组织发生变化，产生的原因是温度高。由于磨削时表面层的温度很高，切削区的温度可达 1500～1600℃，超过了钢的熔点，所以磨削时有火花产生，而工件表面层的温度常达 900℃ 以上，超过了相变温度，因此通常在磨削时容易产生烧伤问题。在磨削加工中若出现磨削烧伤现象，将会严重影响零件的使用性能，使零件使用寿命成倍下降，有时根本无法使用。工件磨削出现的烧伤色是工件表面在瞬时高温下产生的氧化膜颜色，多为黄、褐、紫、青等颜色。

磨削淬火钢时，在工件表面层形成的瞬时高温将使表面金属产生以下三种金相组织变化：

（1）如果磨削区的温度未超过淬火钢的相变温度（碳钢的相变温度为 720℃），但已经超过马氏体的转变温度（中碳钢为 300℃），工件表层金属的马氏体将转化为硬度较低的回火组织（索氏体或托氏体），称为回火烧伤。

（2）如果磨削区的温度超过相变温度，再加上冷却液的急冷作用，表层金属会出现二次淬火马氏体组织，硬度比原来的回火马氏体高；在它的下层，因冷却较慢，出现硬度比原先的回火马氏体低的回火组织（索氏体或托氏体），称为淬火烧伤。

（3）如果磨削区的温度超过相变温度，而磨削过程又没有冷却液，表层金属将产生退火组织，表层金属的硬度将急剧下降，称为退火烧伤。

（二）改善磨削烧伤的工艺途径

磨削烧伤零件的物理力学性能和使用寿命大大降低，甚至会报废，因此必须采取措施加以控制。造成磨削烧伤的根本原因是磨削温度过高，因此避免和减轻磨削烧伤的基本途径是尽可能减少磨削热的产生和加快散热速度。一切影响温度的因素都在一定程度上对烧伤有影响，因此研究烧伤问题可以从磨削时的温度入手。具体措施有以下几种：

1. 合理选择砂轮

硬度太高的砂轮，自锐性不好，使磨削力增大，温度升高，容易产生烧伤，所以选择合适的黏结剂，采用硬度稍软的砂轮较好。磨削导热性差的材料容易产生烧伤现象，应特别注意合理选择砂轮的硬度、结合剂和组织。硬度太高的砂轮，砂轮钝化之后不易脱落，容易产生烧伤。总之，为避免产生烧伤，应选择较软的砂轮。

选择具有一定弹性的结合剂（如橡胶结合剂、树脂结合剂），这样，当由于某种原因导致磨削力增大时，砂轮的磨粒能产生一定的弹性退让，使切削深度减小，也有助于避免烧伤现象的产生。

立方氮化硼砂轮热稳定性好，磨削温度低，且本身硬度、强度仅次于金刚石，磨削力小，能磨出较高的表面质量。

选用粗粒度砂轮磨削，不容易产生烧伤。当磨削软而塑性大的材料时，为了避免砂轮堵塞，也宜选用较粗磨粒的砂轮。

此外，为了减少砂轮与工件之间的摩擦热，在砂轮的空隙内浸入石蜡之类的润滑物质，对降低磨削区的温度、防止工件烧伤也有一定效果。

2. 磨削用量

当磨削深度增加时，无论工件表面温度，还是表面下不同深度的温度，都随之升高，烧伤会增加，故磨削深度不能选得太大。

工件纵向进给量。纵向进给量越大，磨削区表面温度越低，磨削烧伤越少。原因是纵向进给量的增加使得砂轮与工件的表面接触时间相对减少，因而热的作用时间减少，散热条件得到改善。为了弥补纵向进给量增大而导致表面粗糙度的缺陷，可采用较宽的砂轮。

工件的速度。增大工件速度时，磨削区温度会上升，但因为速度的增大，虽使发热量增大，但热的作用时间却减少了。因此，为了减少烧伤同时又能保持较高的生产率，在选择磨削用量时，应选择较大的工件线速度和较小的磨削深度，同时为了弥补工件速度增大而导致表面粗糙的缺陷，一般最好提高砂轮的转速。

总之，适当减小磨削深度和磨削速度，适当增加工件的转动速度和轴向进给量，均会减少烧伤现象的发生。

3. 工件材料

工件材料对磨削区温度的影响主要取决于它的硬度、强度、韧性和导热系数。硬度越高，磨削热量越多，但材料过软，易于堵塞砂轮，反而使加工表面温度急剧上升。工件强度越高，磨削时消耗的功率越多，发热量也越多。工件韧性越大，磨削力越大，发热越多。导热性能比较差的材料，如耐热钢、轴承钢、不锈钢等，在磨削时都容易产生烧伤。

4. 冷却条件

采用高效冷却方式（如高压大流量冷却、喷雾冷却、内冷却）等措施，能较好地降低磨削区温度，防止磨削烧伤。

第四节 加工误差分析

一、加工误差的分类

根据加工一批工件时误差出现的规律，加工误差可分为系统误差和随机误差。之所以要对加工误差重新分类，是因为不同性质的加工误差，其解决的途径也不同。

（一）系统误差

在顺序加工一批工件时，若误差的大小和方向保持不变，或者按一定规律变化的误差即为系统性误差。前者称为常值系统误差，后者称为变值系统误差。加工原理误差，机床、刀具、夹具、量具的制造误差，以及工艺系统静力变形引起的加工误差等都属于常值系统误差。而工艺系统（特别是机床、刀具）在热平衡前的热变形、刀具磨损均属于变值系统误差。常值系统误差与加工顺序无关，但变值系统误差与加工顺序有关。对于常值系统误差，若能掌握其大小和方向，可以通过调整来消除；对于变值系统误差，若能掌握其大小和方向随时间变化的规律，也可以通过采取自动补偿措施加以消除。

（二）随机误差

在顺序加工一批工件时，若误差的大小和方向呈无规律的变化，称为随机误差。如毛坯误差（余量大小不一、硬度不均匀等）的复映、定位误差、夹紧误差、内应力引起的误差、多次调整的误差等都属于随机误差。随机误差从表面上看似乎没有什么规律，但应用数理统计方法，可以找出一批工件加工误差的总体规律。

应该指出，随机误差和系统误差的划分并非是绝对的，它们之间既有区别也有联系。同一原始误差在不同的场合下会表现出不同的性质。例如机床在一次调整中加工一批零件时，机床的调整误差是常值系统误差。但是，当多次调整机床时，每次调整时发生的调整误差就不可能是常值，变化也无一定规律，因此对于经多次调整所加工出来的大批工件，调整误差所引起的加工误差又称为随机误差。

二、分布曲线分析法

分布曲线分析法是将测量加工后所得一批工件的实际尺寸或误差，根据测量结果做出该批工件尺寸或误差的分布图，按照此图来分析和判断加工误差的情况。具体包括：通过工艺过程分布图分析，可以确定工艺系统的加工能力系数、机床调整精度系数和加工工件的合格率，并能分析产生废品的原因。

（一）理论分布曲线

1. 正态分布曲线

大量实验表明，用调整法加工一批工件，当加工中不存在明显的变值系统误差时，各随机误差之间是相互独立的，在随机误差中没有一个是起主导作用的误差因素，则加工后零件的尺寸是近似服从正态分布曲线（高斯曲线），如图 3-20 所示。

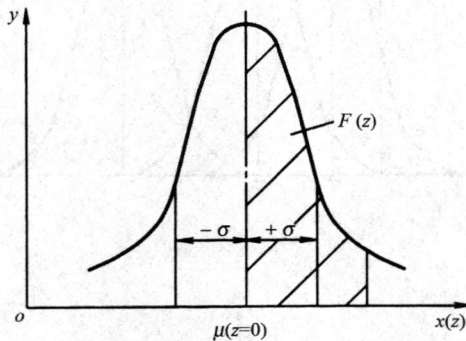

图 3-20　正态分布曲线

其概率密度的函数表达式是：

$$y = \frac{1}{\sigma 2\sqrt{\pi}} e^{-\frac{1}{2}\left(\frac{x-\mu}{\sigma}\right)^2} \quad (-\infty < x < +\infty,\ \sigma > 0) \tag{3-17}$$

式中：y ——分布概率密度；

x ——随机变量；

μ ——正态分布随机变量总体的算术平均值（分散中心）；

σ——正态分布随机变量的标准偏差。

正态分布的概率密度函数有两个特征参数。由式（3-17）及图 3-20 可以看出，当 $x = \mu$ 时，$y_{max} = 1/(\sigma/\sqrt{2\pi})$，这是曲线的最大值，也是曲线的分布中心。在它左右的曲线是对称的。正态分布总体的 μ 和 σ 通常是不知道的，但可以通过它的样本平均值 $\bar{x}$ 和样本标准偏差 $\bar{\sigma}$ 来估计。即用样本的 $\bar{x}$ 代替总体的 μ，用样本的 $\bar{\sigma}$ 代替总体的 σ。$\bar{x}$ 是表征分布曲线位置的参数，当 σ 不变时，改变 $\bar{x}$ 的值，分布曲线沿横坐标移动，但形状不变，如图 3-21（a）所示。σ 是表征分布曲线形状的参数，当 $\bar{x}$ 不变时，改变 σ，曲线形状发生变化，如图 3-21（b）所示。可见，σ 反映了随机变量的分散程度，其大小完全由随机误差所决定。

平均值以 $\mu = 0$，标准差 $\sigma = 1$ 的正态分布称为标准正态分布，记为：$x(z) \sim N(0, 1)$。由分布函数的定义可知，正态分布函数是正态分布概率密度函数的积分，即

$$F(x) = \frac{1}{\sigma\sqrt{2\pi}} \int_{-\infty}^{x} e^{-\frac{1}{2}\left(\frac{x-\mu}{\sigma}\right)^2} dx \qquad (3-18)$$

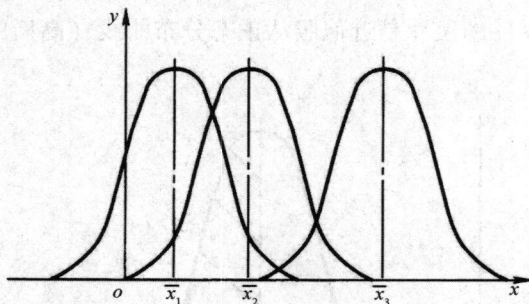

（a）σ 不变，$\bar{x}$ 变化时的情形

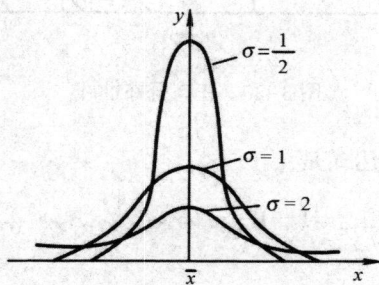

（b）$\bar{x}$ 不变，σ 变化时的情形

图 3-21　$\bar{x}$、σ 对正态分布曲线的影响

正态分布曲线下的面积 $F(x) = \dfrac{1}{\sigma\sqrt{2\pi}} \displaystyle\int_{-\infty}^{+\infty} y\mathrm{d}x = 1$，代表了全部零件数

（100%）。令 $z = \dfrac{x - \mu}{\sigma}$，则：

$$F(z) = \frac{1}{\sqrt{2\pi}} \int_{0}^{z} \mathrm{e}^{-\frac{z^2}{2}} \mathrm{d}z \tag{3-19}$$

利用式（3-19），可将非标准正态分布（图 3-20）转换成标准正态分布进行计算。$F(z)$ 为图 3-20 中有阴影部分的面积。

当 $x - \mu = \pm 3\sigma$ 时，99.73%的工件尺寸落在$\pm 3\sigma$范围内，仅有 0.27%的工件在范围之外（可忽略不计）。因此，可以认为正态分布曲线的分散范围为$\pm 3\sigma$。

$\pm 3\sigma$（或 6σ）的概念，在研究加工误差时应用很广，是一个很重要的概念。6σ 的大小代表某加工方法在一定条件下所能达到的加工精度，所以在一般情况下，应该使所选择的加工方法的标准差 σ 与公差带宽度 T 之间具有下列关系：

$$6\sigma \leqslant T \tag{3-20}$$

但考虑系统性误差及其他因素的影响，应当使 6σ 小于公差带宽度 T，方可保证加工精度。

2. 非正态分布曲线

工件实际尺寸的分布情况，有时并不符合正态分布。例如将在两次调整下加工出的工件混在一起测定，尽管每次调整时加工的工件都接近于正态分布，但由于常值系统误差不同，相当于两个正态分布中心位置不同，叠加在一起就会得到如图 3-22（a）所示的双峰曲线。

又如，当磨削细长孔时，如果砂轮磨损较快且没有自动补偿，则工件的实际尺寸分布将成平顶分布，如图 3-22（b）所示。它实质上是正态分布曲线的分散中心在不断地移动，也即在随机性误差中混有变值系统性误差。

再如用试切法加工轴颈或孔时，由于操作者为了避免产生不可修复的废品，主观地（而不是随机地）使轴颈加工得宁大勿小，使孔径加工得宁小勿大，则它们的尺寸就是偏态分布，如图 3-22（c）所示。当用调整法加工、刀具热变形显著时，也会出现偏态分布。

（a）双峰分布　　　　　　　　　　（b）平顶分布

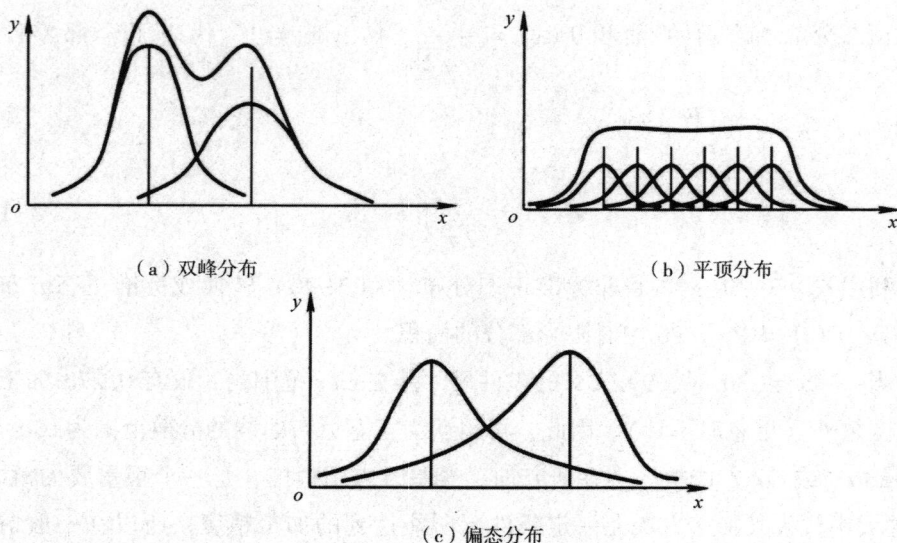

（c）偏态分布

图 3-22　非正态分布曲线

（二）分布曲线的应用

1. 判别加工误差的性质

如果 $T/6\sigma < 1$，则必然出现废品，且主要是由随机误差造成的。如果 $T/6\sigma \geqslant 1$，且有废品出现，则主要是由系统误差引起的；如果此时尺寸分布服从正态分布，则说明加工过程中没有明显的变值系统误差。尺寸分散中心 $\overline{X}$ 与公差带中心不重合就说明存在常值系统误差。

2. 确定工序能力及等级

工序能力是指某工序处于稳定、正常状态时，此工序加工误差正常波动的幅值。当加工尺寸服从正态分布时，根据 $\pm 3\sigma$ 原则，工序能力为 6σ。引入工序能力系数 C_p 以判断工序能力的大小。C_p 按式（3-21）计算：

$$C_p = T/6\sigma \tag{3-21}$$

根据 C_p 的大小，把工序能力分为五级。一般情况下，工序能力不应低于二级。

三、点图分析法

点图分析法是在一批工件的加工过程中，按顺序依次测量被加工工件的尺寸，并以时间间隔为序，逐个或逐组记入相应图表中，以此为依据对加工误差以及加工过程进行分析的方法。点图有多种形式，以下将对单值点图和 $\overline{X} - R$ 点图两种形式进行介绍：

（一）单值点图

按照加工顺序逐个测量一批工件的尺寸，以工件序号作为横坐标，工件尺寸（或误差）作为纵坐标，就可以做出如图 3-23（a）所示的单值点图。为了缩短点图的长度，可把顺次加工的几个零件编为一组，以工件组序为横坐标，而纵坐标与图 3-23 相同，可做出如图 3-23（b）所示的分组点图。

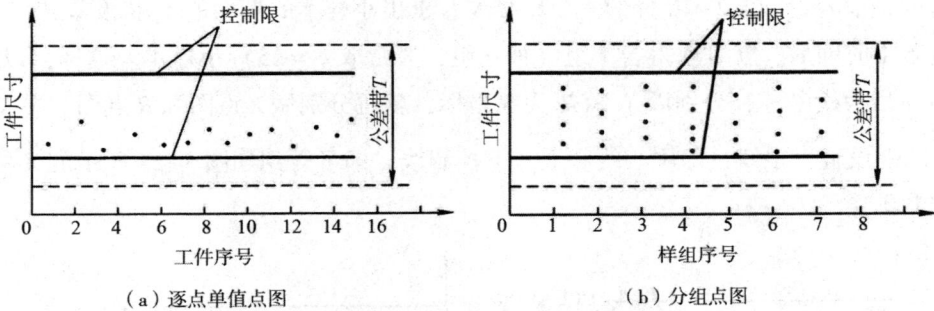

（a）逐点单值点图　　　　　　　　（b）分组点图

图 3-23　单值点图

假如把点图上的上、下极限点包络成两根平滑的曲线，并做出两根平滑曲线的平均值曲线，就能较清楚地揭示加工过程中误差的性质及其变化趋势，如图 3-24 所示。平均值曲线 OO' 表示每一瞬时的分散中心，其变化情况反映了变值系统性误差随时间变化的规律。其起始点 O 则可看出常值系统性误差的影响。上、下限 AA' 和 BB' 间的宽度表示每一瞬时尺寸的分散范围，反映了随机性误差的大小，其变化情况也反映了随机性误差随时间变化的规律。单值点图上画有上、下两条控制界线的虚线，作为控制不合格品的参考界线。

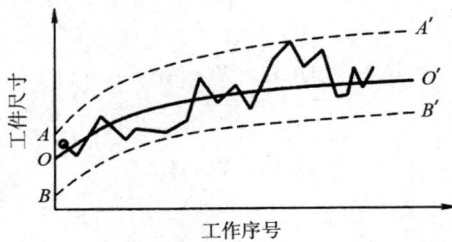

图 3-24　单值点图反映的误差规律

（二）$\bar{X} - R$ 图

为了能直接反映加工过程中系统误差和随机误差随加工时间的变化趋势，实际生产中常用 $\bar{X} - R$ 图代替单值点图。$\bar{X} - R$ 图是每一小样组的平均值 $\bar{X}$ 控制图和极差 R 控制图联合使用时的统称。前者控制工艺过程质量指标的分布中心，后者控制工艺过程质量指标的分散程度。

$\bar{X} - R$ 图的横坐标是按时间先后采集的小样本的组序号，纵坐标为样本的平均值 $\bar{X}$ 和极差 R。

绘制 $\bar{X} - R$ 图是以小样本顺序随机抽样为基础的。在工艺过程中，每隔一定时间抽取容量 $m = 2 \sim 10$ 件的一个小样本，求出小样本的平均值 $\bar{X}_i$ 和极差 R_i。经过若干时间后，就可取得若干组（如 k 组，通常取 $k = 25$）小样本。这样，以样组序号为横坐标，分别以 $\bar{X}_i$ 和 R_i 为纵坐标，就可分别做 $\bar{X}$ 点图和 R 点图。在 $\bar{X} - R$ 图上设置三根线，即中心线和上、下控制线，即可得到如图 3-25 所示的 $\bar{X} - R$ 控制图。

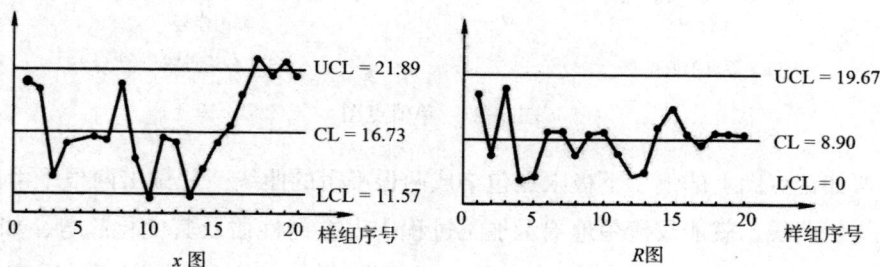

图 3-25 $\bar{X} - R$ 控制图

$\bar{X}$ 图的中心线：

$$CL = \frac{1}{k} \sum_{i=1}^{k} x_i \qquad (3-22)$$

$\bar{X}$ 图的上控制线：

$$UCL = \bar{X} + AR \qquad (3-23)$$

$\bar{X}$ 图的下控制线：

$$LCL = \bar{X} - AR \qquad (3-24)$$

R 图的中心线：

$$CL = \frac{1}{k} \sum_{i=1}^{k} R_i \qquad (3-25)$$

R 图的上控制线：

$$\text{UCL} = D_1\overline{R} \qquad\qquad (3-26)$$

R 图的下控制线：

$$\text{LCL} = D_2\overline{R} \qquad\qquad (3-27)$$

系数 A 、D_1 、D_2 值见表 3-1。

表 3-1　系数 A 、D_1 、D_2 的数值

每组件数	3	4	5	6	7	8	9
A	1.0231	0.7285	0.5768	0.4833	0.4193	0.3726	0.3367
D_1	2.5742	2.2819	0.0002	2.0039	1.9242	1.8641	1.8162
D_2	0	0	0	0	0.0758	0.1359	0.1838

第四章　机械制造自动化技术

第一节　加工装备自动化

数控机床是一种高科技的机电一体化产品，也是由数控装置、伺服驱动装置、机床主体和其他辅助装置构成的可编程的通用加工设备。它被广泛应用在加工制造业的各个领域。加工中心是更高级形式的数控机床，它除了具有一般数控机床的特点外，还具有自身的特点。

一、数控机床

（一）数控机床的概念与组成

数字控制，简称数控（Numberical Control，NC）。数控技术是近代发展起来的一种用数字量及字符发出指令并实现自动控制的技术。采用数控技术的控制系统称为数控系统。装备了数控系统的机床就成为数字控制机床。

数字控制机床，简称数控机床（Numberical Control Machine Tools），它是综合应用了计算机技术、微电子技术、自动控制技术、传感器技术、伺服驱动技术、机械设计与制造技术等多方面的新成果而发展起来的，采用数字化信息对机床运动及其加工过程进行自动控制的自动化机床。

数控机床改变了用行程挡块和行程开关控制运动部件位移量的程序控制机床的控制方式，不但以数字指令形式对机床进行程序控制和辅助功能控制，并对机床相关切削部件的位移量进行坐标控制。

与普通机床相比，数控机床不但具有适应性强、效率高、加工质量稳定和精度高的优点，而且易实现多坐标联动，能加工出普通机床难以加工的曲线和曲面。数控加工是实现多品种、中小批量生产自动化的最有效方式。

数控机床主要是由信息载体、数控装置、伺服系统、测量反馈系统和机床本体等组成。

1. 信息载体

信息载体又称控制介质，它是通过记载各种加工零件的全部信息（如每件加工的工艺过程、工艺参数和位移数据等）控制机床的运动，实现零件的机械加工。常用的信息载体有纸带、磁带和磁盘等。信息载体上记载的加工信息要经输入装置输送给数控装置。

2. 数控装置

数控装置是数控机床的核心，它由输入装置、控制器、运算器、输出装置等组成。其功能是接受输入装置输入的加工信息，经处理与计算，发出相应的脉冲信号送给伺服系统，通过伺服系统使机床按预定的轨迹运动。它包括微型计算机电路、各种接口电路、CRT 显示器、键盘等硬件以及相应的软件。

3. 伺服系统

伺服系统的作用是把来自数控装置的脉冲信号转换为机床移动部件的运动，使机床工作台精确定位或按预定的轨迹做严格的相对运动，最后加工出合格的零件。

伺服系统包括主轴驱动单元、进给驱动单元、主轴电动机和进给电动机等。一般来说，数控机床的伺服系统，要求有好的快速响应性能，以及能灵敏而准确地跟踪指令功能。现在常用的是直流伺服系统和交流伺服系统，而交流伺服系统正在取代直流伺服系统。

4. 测量反馈系统

测量元件将数控机床各坐标轴的位移指令值检测出来，并经反馈系统输入机床的数控装置中，数控装置对反馈回来的实际位移值与设定值进行比较，并向伺服系统输出达到设定值所需的位移量指令。

5. 机床本体

数控机床本体指的是数控机床机械结构实体。它与传统的普通机床相比较，同样由主传动机构、进给传动机构、工作台、床身与立柱等部分组成，但数控机床的整体布局、外观造型、传动机构、刀系统及操作机构等方面都发生了很大的变化。这种变化的目的是满足数控技术的要求和充分发挥数控机床的特点。

机床主机是数控机床的主体。它包括床身、底座、立柱、横梁、滑座、工作台、主轴箱、进给机构、刀架及自动换刀装置等机械部件。它是在数控机床上自动地完成各种切削加工的机械部分。

（二）数控机床的分类

按照工艺用途，数控机床可以分为以下三类：

1. 一般数控机床

这类机床和普通机床一样，有数控车床、数控铣床、数控钻床、数控镗床、数控磨床等，每一类都有很多品种。例如在数控磨床中，有数控平面磨床、数控外圆磨床、数控工具磨床等。这类机床的工艺可靠性与普通机床相似，不同的是它能加工形状复杂的零件。这类机床的控制轴数一般不超过三个。

2. 多坐标数控机床

有些形状复杂的零件用三坐标的数控机床还是无法加工，如螺旋桨、飞机曲面零件的加工等，此时需要三个以上坐标的合成运动才能加工出需要的形状，为此出现了多坐标数控机床。多坐标数控机床的特点是数控装置控制轴的坐标数较多，机床结构也比较复杂，现在常用的是 4、5、6 坐标的数控机床。

3. 加工中心机床

数控加工中心是在一般数控机床的基础上发展起来的，装备有可容纳几把到几百把刀具的刀库和自动换刀装置。一般加工中心还装有可移动的工作台，用来自动装卸工件。工件经一次装夹后，加工中心便能自动地完成诸如铣削、钻削、攻螺纹、镗削、铰孔等工序。

（三）数控机床的加工过程

数控加工工艺是随着数控机床的产生、发展而逐步建立起来的一种应用技术，是通过大量数控加工实践的经验总结，也是数控机床加工零件过程中所使用的各种技术、方法的总和。

数控加工工艺设计是对工件进行数控加工的前期工艺准备工作。无论手工编程还是自动编程，在编程前都要对所加工的工件进行工艺分析、拟定工艺路线、设计加工工序等工作。因此，合理的工艺设计方案是编制数控加工程序的依据。编程人员必须首先做好工艺设计工作，再考虑编程。

数控机床加工的整个过程是由数控加工程序控制的，因此其整个加工过程是自动的。加工的工艺过程、走刀路线、切削用量等工艺参数应正确地编写在加工程序中。

因此，数控加工就是根据零件图及工艺要求等原始条件编制零件数控加工程序，输入机床数控系统，控制数控机床中刀具与工件的相对运动及各种所需的操作动作，从而完成零件的加工。

（四）数控加工工艺的特点

由于数控机床本身自动化程度较高、设备费用较高、设备功能较强，使数控加工相应形成了以下三个特点：

1. 数控加工的工艺要求精确严密

数控加工不像普通机床加工时可以根据加工过程中出现的问题由操作者自由地进行调整。所以在数控加工的工艺设计中必须注意加工过程中的每一个细节，做到万无一失。尤其是在对图形进行数学处理、计算和编程时，一定要准确无误。

2. 数控加工工序相对集中

一般来说，在普通机床上加工是根据机床的种类进行单工序加工，而在数控机床上加工往往是在工件的一次装夹中完成工件的钻、扩、铰、铣、镗、攻螺纹等多工序的加工。有些情况下，在一台加工中心上甚至可以完成工件的全部加工内容。

3. 数控加工工艺的特殊要求

由于数控机床的功率较大，刚度较高，数控刀具性能好，因此在相同情况下，加工所用的切削用量较普通机床大，提高了加工效率。另外，数控加工工序相对集中，工艺复合化，使得数控加工的工序内容要求高，复杂程度高。数控加工过程是自动化进行，故还应特别注意避免刀具与夹具、工件的碰撞及干涉。

二、加工中心

加工中心通常是指镗铣加工中心，主要用于加工箱体及壳体类零件，工艺范围广。加工中心具有刀具库及自动换刀机构、回转工作台、交换工作台等，有的加工中心还具有交换式主轴头或卧-立式主轴。加工中心目前已成为一类广泛应用的自动化加工设备，它们可作为单机使用，也可作为 FMC FMS 中的单元加工设备。加工中心有立式和卧式两种基本形式：前者适合于平面形零件的单面加工，后者特别适合于大型箱体零件的多面加工。

（一） 加工中心的概念与特点

加工中心是一种备有刀库并能按预定程序自动更换刀具，对工件进行多工序加工的高效数控机床。加工中心与普通数控机床的主要区别在于它能在一台机床上完成多台机床上才能完成的工作。

加工中心与普通数控机床相比有以下四个主要特点：

一是加工中心上装备有自动换刀装置。在一次装夹中，通过自动更换刀具，可以自动完成镗削、铣削、钻削、铰孔、攻螺纹等工序；甚至能从毛坯直接加工到成品，大幅节省辅助工时和在制品周转时间。

二是加工中心刀库系统集中管理和使用刀具，有可能用最少量的刀具，完成多工序的加工，并提高刀具的利用率。

三是加工中心加工零件的连续切削时间比普通机床高得多，所以设备的利用率高。

四是加工中心上装备有托盘机构，使切削加工与工件装卸同时进行，提高生产效率。

（二） 加工中心的组成

加工中心自问世以来，世界各国出现了各种类型的加工中心。它的组成主要有以下几部分：

1. 基础部件

基础部件是加工中心的基础结构，由床身、立柱和工作台等组成。它用来承受加工中心的静载荷以及在加工时产生的切削负载，必须具有足够高的静态和动态刚度，通常是加工中心中体积和质量最大的部件。

2. 主轴部件

主轴部件由主轴箱、主轴电动机、主轴和主轴轴承等零件组成。主轴的启停等动作和转速均由数控系统控制，并且通过装在主轴上的刀具进行切削。

主轴部件是切削加工的功率输出部件，也是影响加工中心性能的关键部件。

3. 数控系统

加工中心的数控部分由 CNC 装置、可编程序控制器、伺服驱动装置与电动机等部分组成，它是加工中心执行顺序控制动作和控制加工过程的中心。

4. 自动换刀系统

自动换刀系统由刀库、机械手等部件组成。当需要换刀时，数控系统发出指令，由机械手（或其他装置）将刀具从刀库中取出并装入主轴孔。

加工中心作为柔性制造单元，能连续自动加工复杂零件，加工能力强、工艺范围广。刀库的容量大，存储的刀具多，使机床的结构复杂。若刀库容量小，存储的刀具少，则不能满足工艺上的要求。刀库中刀具数量的多少又直接影响加工程序的编制。编制大容量刀库的加工程序的工作量大、程序复杂。所以刀库容量的配置有一个最佳的数量。

5. 辅助装置

辅助装置包括润滑、冷却、排屑、防护、液压、气动和检测系统等部分。这些装置虽然不直接参与切削运动，但对加工中心的加工效率、加工精度和可靠性起保障作用，也是加工中心中不可缺少的部分。

6. 自动托盘交换系统

有的加工中心为进一步缩短非切削时间，配有两个自动交换工件的托盘，一个安装工件在工作台上加工，另一个则位于工作台外进行工件装卸。当一个工件完成加工后，两个托盘位置自动交换，进行下一个工件的加工，这样可以减少辅助时间，提高加工效率。

（三）加工中心的分类

加工中心根据其结构和功能，主要有以下两种分类方式：

1. 按工艺用途分

（1）铣镗加工中心

它是在镗、铣床基础上发展起来的，且是机械加工行业应用最多的一类加工设备。其加工范围主要是铣削、钻削和镗削，适用于箱体、壳体，以及各类复杂零件特殊曲线和曲面轮廓的多工序加工，适用于多品种小批量加工。

（2）车削加工中心

它是在车床的基础上发展起来的，以车削为主，主体是数控车床，机床上配备有转塔式刀库或由换刀机械手和链式刀库组成的刀库。其数控系统多为 $2\sim3$ 轴伺服控制，即 X、Z、C 轴，部分高性能车削中心配备有铣削动力头。

（3）钻削加工中心

钻削加工中心的加工以钻削为主，刀库形式以转塔头为多，适用于中小零件的钻孔、扩孔、铰孔、攻螺纹等多工序加工。

2. 按主轴特征分

（1）卧式加工中心

卧式加工中心，是指主轴轴线水平设置的加工中心。它一般具有 3~5 个运动坐标，常见的是三个直线运动坐标加一个回转运动坐标（回转工作台），它能够在工件一次装夹后完成除安装面和顶面以外的其余四个面的镗、铣、钻、攻螺纹等加工，最适合加工箱体类工件。

与立式加工中心相比，卧式加工中心结构复杂、占地面积大、质量大、价格高。

（2）立式加工中心

立式加工中心主轴的轴线为垂直设置，其结构多为固定立柱式。工作台为十字滑台，适合加工盘类零件。一般具有三个直线运动坐标，并可在工作台上安置一个水平轴的数控转台来加工螺旋线类零件。

立式加工中心的结构简单、占地面积小、价格低。立式加工中心配备各种附件后，可满足大部分工件的加工。

（3）立卧两用加工中心

某些加工中心具有立式和卧式加工中心的功能，工件一次装夹后能完成除安装面外所有侧面和顶面等五个面的加工，也称五面加工中心、万能加工中心或复合加工中心。

从外形结构上，可以看出加工中心比普通数控机床复杂得多，而其功能也强大得多。加工中心属于高技术、价格昂贵的复杂设备。但是任何设备都不可能是万能的，加工中心也一样，只有在一定条件下它才能发挥最佳效益。不同类型的加工中心有不同的规格与适用范围，设备造价也有很大的差别。所以选用加工中心时需要考虑多方面影响因素。

第二节　物料供输自动化

在机械制造中，材料的搬运、机床上下料和整机的装配等是薄弱环节。这些工作的费用占全部加工费用的 1/3 以上，所用的时间占全部加工时间的 2/3 以上，而且多数事故发生在这些操作中。如果实现物流自动化，既可提高物流效率，又能使工人从繁重而重复单调的工作中解放出来。

机械制造中的物料操作和运储系统主要完成工件、刀具、托盘、夹具等的存取、上下、输送、转位、寄存、识别等功能的管理和控制，以及切削液和切屑的处置等。

一、刚性自动化物料储运系统

（一）概述

刚性自动化的物料储运系统由自动供料装置、装卸站、工件传送系统和机床工件交换装置等部分组成。按原材料或毛坯形式的不同，自动供料装置一般可分为卷料供料装置、棒料供料装置和件料供料装置三大类。前两类自动供料装置多属于冲压机床和专用自动机床的专用部件。件料自动供料装置一般可以分为料仓式供料装置和料斗式供料装置两种形式。装卸站是不同自动化生产线之间的桥梁和接口，用于实现自动化生产线上物料的输入和输出功能。工件传送系统用于实现自动线内部不同工位之间或不同工位与装卸站之间工件的传输和交换功能，其基本形式有链式输送系统、辊式输送系统、带式输送系统。机床工件交换装置主要指各种上下料机械手及机床自动供料装置。其作用是将输料道来的工件通过上料机械手安装于加工设备上，加工完毕后，通过下料机械手取下，放置在输料槽上输送到下一个工位。

（二）自动供料装置

自动供料装置一般由储料器、输料槽、定向定位装置和上料器组成。储料器储存一定数量的工件，根据加工设备的需求自动输出工件，经输料槽和定向定位装置传送到指定位置，再由上料器将工件送入机床加工位置。储料器一般设计成料仓式或料斗式。料仓式储料器须人工将工件按一定方向摆放在仓内；料斗式储料器只须将工件倒入料斗，由料斗自动完成定向。料仓或料斗一般储存小型工件，较大的工件可采用机械手或机器人来完成供料过程。

1. 料仓

料仓的作用是储存工件。根据工件形状特征、储存量大小及与上料机构配合方式的不同，料仓具有不同的结构形式。由于工件的重量和形状尺寸变化较大，料仓结构设计没有固定模式，一般把料仓分成自重式和外力作用式两种结构。

2. 拱形消除机构

拱形消除机构一般采用仓壁振动器。仓壁振动器使仓壁产生局部、高频微振动，破坏工件间的摩擦力和工件与仓壁间的摩擦力，从而保证工件连续地由料仓中排出。振动器振动频率一般为 1000~3000 次/分。当料仓中物料搭拱处的仓壁振幅达 0.3mm 时，即可达到破拱效果。在料仓中安装搅拌器也可消除拱形堵塞。

3. 料斗装置和自动定向方法

料斗上料装置带有定向机构，工件在料斗中自动完成定向。但并不是所有工件在送出料斗之前都能完成定向。没有定向的工件在料斗出口处被分离，返回料斗重新定向，或由二次定向机构再次定向。因此料斗的供料率会发生变化，为了保证正常生产，应使料斗的平均供料率大于机床的生产率。

4. 输料槽

根据工件的输送方式（靠自重或强制输送）和工件的形状，输料槽有许多形式，见表 4-1。

表 4-1　输料槽主要类型

名称		特点	使用范围
自流式输料槽	料道式输料槽	输料槽安装倾角大于摩擦角，工件靠自重输送自流	轴类、盘类、环类工件
	轨道式输料槽	输料槽安装倾角大于摩擦角，工件靠自重输送	带肩杆状工件
	蛇形输料槽	工件靠自重输送，输料槽落差大时可起缓冲作用	轴类、盘类、球类工件
半流式输料槽	抖动式输料槽	输料槽安装倾角小于摩擦角，工件靠输料槽做横向抖动输送	轴类、盘类、板类工件
	双辊式输料槽	辊子倾角小于摩擦角，辊子转动，工件滑动输送	板类、带肩杆状、锥形滚柱等工件
强制运动式输料槽	螺旋管式输料槽	利用管壁螺旋槽送料	球形工件
	摩擦轮式输料槽	利用纤维质辊子转动推动工件移动	轴类、盘类、环类工件

一般靠工件自重输送的自流式输料槽结构简单，但可靠性较差；半自流式或强制运动式输料槽可靠性高。

二、自动线输送系统

在生产过程中，工件及原材料等搬运费用和搬运时间占有相当大的比例，搬运过程中工人的劳动量消耗大，且容易出现生产事故。自动化生产线和自动加工机床上利用自动输料装置，按生产节拍将被加工工件从一个工位自动传送到下一个工位，从一台设备输送给下一台设备，由此把自动线的各台设备连接成为一个整体。

自动化的物料输送系统是物流系统的重要组成部分。在制造系统中，自动线的输送系统起着人与工位、工位与工位、加工与存储、加工与装配之间的衔接作用，同时具备物料的暂存和缓冲功能。运用自动线的输送系统，可以加快物料流动速度，使各工序之间的衔接更加紧密，从而提高生产效率。

（一）重力输送系统

重力输送有滚动输送和滑动输送两种，重力输送装置一般需要配有工件提升机构。

1. 滚动输送

利用提升机构或机械手将工件提到一定高度，让其在倾斜的输料槽中依靠其自重滚动而实现自动输送的方法多用于传送中小型回转体工件，如盘、环、齿轮坯、销及短轴等。

利用滚动式输料槽时要注意工件形状特性的影响，工件长度 L 与直径 D 之比与输料槽宽度的关系是一个重要因素。由于工件与料槽之间存在间隙，故可能因摩擦阻力的变化或工件存在一定锥度误差而滚偏一个角度，当工件对角线长度接近或小于槽宽时，工件可能被卡住或完全失去定向作用。工件与料槽间隙也不能太小；否则，由于料槽结构不良和制造误差会使局部尺寸小于工件长度，也会产生卡料现象。允许的间隙与工件的长径比和工件与料槽壁面的摩擦系数有关，随着工件长径比增加，允许的最大间隙值减小。一般当工件长径比大于 3.5~4 时，以自重滚送的可靠性就很差。

输料槽侧板越高，输送中产生的阻力越大。但侧板也不能过低；否则，若工件在较长的输料槽中以较大的加速度滚到终点，碰撞前面的工件时，可能跳出槽外或产生歪斜而卡住后面的工件。一般推荐侧板高度为 0.5~1 倍工件直径。当用整条长板做侧壁时，应开出长窗口，以便观察工件的运送情况。

输料槽的倾斜角过小，容易出现工件停滞现象。反之，倾斜角过大时工件滚送的末速度很大，易产生冲击、歪斜及跳出槽外等不良后果，同时要求输料前提升高度增大，浪费能源。倾斜角度的大小取决于料槽支承板的质量和工件表面质量，在 5°~15°选取，当料槽和工件表面光滑时取小值。

对于外形较复杂的长轴类工件（如曲轴、凸轮轴、阶梯轴等）、外圆柱面上有齿纹的工件（齿轮、花键轴等）及外表面已精加工过的工件，为了提高滚动输料的平稳性及避免工件相互接触碰撞而造成歪斜、咬住及碰伤表面等不良现象，应增设缓冲隔料块将工件逐个隔开。当前面一个工件压在扇形缓冲块的小端时，扇形大端向上翘起而挡住后一个工件。

2. 滑动输送

利用提升机构或机械手将工件提到一定高度，让其在倾斜的输料槽中依靠其自重滑动而实现自动输送的方法多用于在工序间或上下料装置内部输送工件，并兼做料仓贮存已定向排列好的工件。滑道多用于输送回转体工件，也可以输送非回转体工件。按滑槽的结构形式可分为 V 形滑道、管形滑道、轨形滑道和箱形滑道四种。

滑动式料槽的摩擦阻力比滚动式料槽大，因此要求倾斜角较大，通常大于 25°。为了避免工件末速度过大产生冲击，可把滑道末段做得平缓些或采用缓冲减速器。

滑动式料槽的截面可以有多种不同形状，其滑动摩擦阻力各不相同。工件在 V 形滑槽中滑动，要比在平底槽滑动受到更大的摩擦阻力。V 形槽两壁之间夹角通常在 90°~120°选取，重而大的工件取较大值，轻而小的工件取较小值。此夹角比较小时滑动摩擦阻力增大，对提高工件定向精度和输送稳定性有利。

双轨滑动式输料槽可以看成是 V 形输料槽的一种特殊形式。用双轨滑道输送带肩部的杆状工件时，为了使工件在输料过程中肩部不互相叠压而卡住，应尽可能增大工件在双轨支承点之间的距离 S。如采取增大双轨间距 B 的方法容易使工件挤在内壁上而难以滑动，所以应采取加厚导轨板 h、把导轨板削成内斜面和设置剔除器、加压板等方法。

（二）带式输送系统

带式输送系统是一种利用连续运动，且具有挠性的输送带来输送物料的输送系统。

1. 输送带

根据输送的物料不同，输送带的材料可采用橡胶带、塑料带、绳芯带、钢网带等，而橡胶带按用途又可分为强力型、普通型、轻型、井巷型、耐热型五种。输送带两端可使用机械接头、冷黏接头和硫化接头连接。

2. 滚筒及驱动装置

滚筒分传动滚筒和改向滚筒两大类。传动滚筒与驱动装置相连，外表面可以是金属表面，也可包上橡胶层来增加摩擦因数。改向滚筒用来改变输送带的运动方向和增加输送带在传动滚筒上的包角。驱动装置主要由电动机联轴器、减速器和传动滚筒等组成。输送带通常在有负载下启动，应选择启动力矩大的电动机。

减速器一般采用蜗轮减速器、行星摆线针轮减速器或圆柱齿轮减速器，将电动机、减速器、传动滚筒做成一体的称为电动滚筒。电动滚筒是一种专为输送带提供动力的部件。

电动滚筒主要用作固定式和移动式带式输送机的驱动装置，因电动机和减速机构内置于滚筒内，与传统的电动机、联轴器、减速机置于滚筒外的开式驱动装置相比，具有结构紧凑、运转平稳、噪声低、安装方便等优点，适合在粉尘及潮湿泥泞等各种环境下工作。

（三）链式输送系统

链式输送系统主要由链条、链轮、电机和减速器等组成，长距离输送的链式输送带也有张紧装置，还有链条支撑导轨。链式输送带除可以输送物料外，也有较大的储料功能。

输送链条比一般传动链条长而重，其链节为传动链节的 2~3 倍，以减少铰链数量，减轻链条重量。输送链条有套筒滚柱链、弯片链、叉形链、焊接链、可拆链、履带链、齿形链等多种结构形式，其中套筒滚柱链和履带链应用较多。

链轮的基本参数已经标准化，可按国标设计。链轮齿数对输送性能有较大影响，齿数太少会增加链轮运行中的冲击振动和噪声，加快链轮磨损；链轮齿数过多，则会导致机构庞大。套筒滚柱链式输送系统一般在链条上配置托架或料斗、运载小车等附件，用于装载物料。

（四）辊子输送系统

辊子输送系统是利用辊子的转动来输送工件的输送系统，其结构比较简单。为保证工件在辊子上移动时的稳定性，输送的工件或托盘的底部必须有沿输送方向的连续支撑面。一般工件在支撑面方向至少应该跨过三个辊子的长度。辊子输送机在连续生产流水线中大量采用，它不仅可以连接生产工艺过程，而且可以直接参与生产工艺过程，因而在物流系统中，尤其在各种加工、装配、包装、储运、分配等流水生产线中得到广泛应用。

辊子输送机按其输送方式分为无动力式、动力式、积放式三类。无动力输送的辊子输送系统依靠工件的自重或人力推动使工件送进。动力辊子输送系统由驱动装置通过齿轮、链轮或带传动使辊子转动，可以严格控制物品的运行状态，按规定的速度、精度平稳可靠地输送物品，便于实现输送过程的自动控制。积放式辊子输送机除具有一般动力式辊子输送机的输送性能外，还允许在驱动装置照常运行的情况下物品能在输送机上停止和积存，而运行阻力无明显增加。

辊子是辊子输送机直接承载和输送物品的基本部件，多由钢管制成，也可采用塑料制造。辊子按其形状分为圆柱形、圆锥形和轮形。

辊子输送机具有以下特点：结构简单、工作可靠、维护方便；布置灵活，容易分段与连接（可根据需要，由直线、圆弧、水平、倾斜等区段以及分支、合流等辅助装置，组成开式、闭式、平面、立体等各种形式的输送线路）；输送方式和功能多样（可对物品进行运送和积存，可在输送过程中升降、移动、翻转物品，可结合辅助装置实现物品在辊子输送机之间或辊子输送机与其他输送设备之间的转运）；便于和工艺设备衔接配套；物品输送平稳、停靠精确。

三、柔性物流系统

柔性物流系统是由数控加工设备、物料运储装置和计算机控制系统等组成的自动化制造系统。它包括多个柔性制造单元，能根据制造任务或生产环境的变化迅速进行调整，适用于多品种、中小批量生产。

（一）托盘系统

工件在机床间传送时，除了工件本身外，还有随行夹具和托盘等。在装卸工位，工人从托盘上卸去已加工的工件，装上待加工的工件，由液压或电动推拉机构将托盘推回到回转工作台上。

回转工作台由单独电动机拖动，按顺时针方向做间歇回转运动，不断地将装有待加工工件的托盘送到加工中心工作台左端，由液压或电动推拉机构将其与加工中心工作台上的托盘进行交换。装有已加工工件的托盘由回转工作台带回装卸工位，如此反复不断地进行工件的传送。

如果在加工中心工作台的两端各设置一个托盘系统，则一端的托盘系统用于接收前一台机床已加工工件的托盘，为本台机床上料；另一端的托盘系统用于为本台机床下料，并传送到下一台机床去。由多台机床可形成用托盘系统组成的较大生产系统。

对于结构形状比较复杂而缺少可靠运输基面的工件或质地较软的非铁金属工件，常将工件先定位、夹紧在随行夹具上，和随行夹具一起传送、定位和夹紧在机床上进行加工。工件加工完毕后与随行夹具一起被卸下机床，带到卸料工位，将加工完的工件从随行夹具上卸下，随行夹具返回到原始位置，以供循环使用。

（二）自动导向小车

自动导向小车（Automated Guide Vehicle，AGV）是一种由蓄电池驱动，装有非接触导向装置，在计算机的控制下自动完成运输任务的物料运载工具。AGV是柔性物流系统中物料运输工具的发展趋势。

常见 AGV 的运行轨迹是通过电磁感应制导的。由 AGV、小车控制装置和电池充电站组成 AGV 物料输送系统。

AGV 由埋在地面下的电缆传来的感应信号对小车的运行轨迹进行制导，功率电源和控制信号则通过有线电缆传到小车。由计算机控制，小车可以准确停在任一个装载台或卸载台，进行物料的装卸。充电站是为小车上的蓄电池充电用的。

小车控制装置通过电缆与上一级计算机联网，它们之间传递的信息有以下几类：行走指令，装载和卸载指令，连锁信息，动作完毕回答信号，报警信息，等等。

AGV 一般由随行工作台交换、升降、行走、控制、电源和轨迹制导六部分组成。

第一，随行工作台交换部分。小车的上部有回转工作台。工作台的上面为滑台叉架，由计算机控制的进给电动机驱动，将夹持工件的随行工作台从小车送到机床上随行工作台交换器，或从机床随行工作台交换器拉回小车滑台叉架，实现随行工作台的交换。

第二，升降部分。通过升降液压缸和齿轮齿条式水平保持机构实现滑台叉架的升降，对准机床上随行工作台交换器导轨。

第三，行走部分。行走部分是其核心组成部分之一，负责车辆的移动、转向和定位。行走部分的设计直接影响到 AGV 的性能、稳定性和适用性。

第四，控制部分。由计算机控制的直流调速电动机和传动齿轮箱驱动车轮，实现 AGV 的包括控制柜操作面板信息接收和发送等部分组成，通过电缆与 AGV 的控制装置进行联系，控制 AGV 的启停、输送或接收随行工作台的操作。

第五，电源部分。采用蓄电池作为电源，一次充电后可用 8h。

第六，AGV 轨迹制导通常采用电磁感应，在 AGV 行走路线的地面下深 10～20mm、宽 3～10mm 的槽内敷设一条专用的制导电缆，通上低周波交变电，在其四周产生交变磁场。在小车前方装有两个感应接收天线，在行走过程中类似动物触角一样，接收制导电缆产生的交变磁场。

AGV 也可采用光学制导，在地面上用有色油漆或色带绘成路线图，装在 AGV 上的光源发出的光束照射地面，自地面反射回的光线作为路线识别信号，由 AGV 上的光敏器件接收，控制 AGV 沿绘制的路线行驶。这种制导方式改变路线非常容易，但只适用于非常洁净的场合，如实验室等。

第三节　加工刀具自动化

一、自动化刀具

刀具自动化，就是加工设备在切削过程中自动完成选刀、换刀、对刀、走刀等工作过程。

自动化刀具的切削性能必须稳定可靠，具有高的耐用度和可靠性；刀具结构应保证其能快速或自动更换和调整，并配有工作状态在线检测与报警装置；应尽可能地采用标准化、系列化和通用化的刀具，以便于刀具的自动化管理。

自动化刀具通常分为标准刀具和专用刀具两大类。为了提高加工的适应性并兼顾设备刀库的容量，应尽量减少使用专用刀具，而应选用通用标准刀具、标准组合刀具或模块式刀具。

自动化加工设备必须配备标准辅具，建立标准的工具系统，使刀具的刀柄与接杆标准化、系列化和通用化，才能实现快速自动换刀。

自动化加工设备的辅具主要有镗铣类数控机床用工具系统（简称 TSG 系统）和车床类数控机床用工具系统（简称 BTS 系统）两大类，它们主要由刀具的柄部、接杆和夹头组成。工具系统中规定了刀具与装夹工具的结构、尺寸系列及其连接形式。

二、自动化刀库和刀具交换与运送装置

（一）刀库

自 20 世纪 60 年代末以来，开始出现贮有各种类型刀具并具有自动换刀功能的刀库，使工件一次装夹就能自动顺序完成各个工序加工的数控机床（加工中心）。

刀库是自动换刀系统中主要的装置之一。其功能是贮存各种加工工序所需的刀具，并按程序指令快速而准确地将刀库中的空刀位和待用刀具送到预定位置，以便接受主轴换下的刀具和便于刀具交换装置进行换刀。它的容量、布局与具体结构对数控机床的总体布局和性能都有很大影响。

（二）刀具交换与运送

能够自动地更换加工中所用刀具的装置称为自动换刀装置（Automatic Tool Changer，ATC）。常用的自动换刀装置主要有以下两种形式：

1. 回转刀架

回转刀架常用于数控车床，可安装在转塔头上用于夹持各种不同用途的刀具，通过转塔头的旋转分度来实现机床的自动换刀动作。

2. 主轴与刀库合为一体的自动换刀装置

由于刀库与主轴合为一体，机床结构较为简单，且由于省去刀具在刀库与主轴间的交换等一系列复杂的操作过程，从而缩短了换刀时间，提高了换刀的可靠性。

主轴与刀库分离的自动换刀装置。这种换刀装置由刀库、刀具交换装置及主轴组成，其独立的刀库可以存放几十甚至几百把刀具，能够适应复杂零件的多工序加工。由于只有一根主轴，因此全部刀具应具有统一的标准刀柄。当需要某一刀具进行切削加工时，自动将其从刀库交换到主轴上，切削完毕后又自动将用过的刀具从主轴取下放回刀库。刀库的安装位置可根据实际情况较为灵活地设置。

当刀库容量相当大，必须远离机床布置时，就要用到自动化小车、输送带等物料传输设备来实现刀具的自动输送。

三、刀具的自动识别

自动换刀装置对刀具的识别通常采用刀具编码法或软件记忆法。

（一）刀具编码环及其识别

编码环是一种早期使用的刀具识别方法。在刀柄或刀座上装有若干个厚度相等、不同直径的编码环，如用大环表示二进制的"1"，小环表示"0"，则这些环的不同组合就可表示不同刀具，每把刀具都有自己的确定编码。在刀库附近装一个刀具读码识别装置，其上有一排与编码环一一对应的触针式传感器。读码器的触头能与凸圆环面接触而不能与凹圆环面接触，所以能把凹凸几何状态转变成电路通断状态，即"读"出二进制的刀具码。当需要换刀时，刀库旋转，刀具识别装置不断地读出每一把经过刀具的编码，并送入控制系统与换刀指令中的编码进行比较，当二者一致时，控制系统便发出信号，使刀库停转，等待换刀。由于接触式刀具识别系统可靠性差，因磨损大而使用寿命短，因而逐渐被非接触式传感器和条形码刀具识别系统取代。

（二）软件记忆法

其工作原理是将刀库上的每一个刀座进行编号，得到每一个刀座的"地址"。将刀库中的每一把刀具再编一个刀具号，然后在控制系统内部建立一个刀具数据表，将原始状态刀具在刀库中的"地址"一一填入，并不得再随意变动。刀库上装有检测装置，可以读出刀座的地址。取刀时，控制系统根据刀具号在刀具数据表中找出该刀具的地址，按优化原则转动刀库，当刀库上的检测装置读出的地址与取刀地址相一致时，刀具便停在换刀位置上，等待换刀；若欲将换下的刀具送回刀库，不必寻找刀具原位，只要按优化原则送到任一空位即可，控制系统将根据此时换刀位置的地址更新刀具数据表，并记住刀具在刀库中新的位置地址。这种换刀方式目前最为常用。

四、快速调刀

在自动化生产中，为了实现刀具的快换，使刀具更换后无须要对刀或试切就可获得合格的工件尺寸，进一步提高工作的稳定性和生产效率，往往需要解决"无调整快速换刀"和自动换刀问题，即将刀具连同刀夹在线外预先调好半径和长度尺寸，在机床更换刀具时不需要再调整，可大大减少换刀调刀时间。

采用机夹不重磨式硬质合金刀片、快换刀夹、快速调刀装置及计算机控制调刀仪，是解决"无调整快换刀具"问题的常用方法。

机夹不重磨刀片具有多个相同几何参数的刀刃，当一个刀刃磨损后，只须将刀片转过一定角度即可将一个新刃投入切削，不需要重新对刀。

快换刀夹通常属于数控机床的通用工具系统部件，其柄部、接杆和夹头等的规格尺寸已标准化并有很高的制造精度。刀具装夹于快换刀夹上并在线外预调好，加工中须换刀时连刀带刀夹一并快速更换。

柔性制造系统中为适应多品种工件加工的需要，所用刀具种类、规格很多，线外调刀采用计算机控制的调刀仪。一种方式是调刀仪通过条形码阅读器读取刀具上的条形码而获得刀具信息，然后将刀具补偿数据传输给刀具管理计算机，计算机再将这些数据传输给机床，机床将实时数据再反馈给计算机。另一种方式是刀柄侧面或尾部装有直径6~10mm的集成块，机床和刀具预调仪上都配备有与计算机接口相连的数据读写装置，当某一刀具与读写装置位置相对应时，就可读出或写入与该刀具有关的数据，实现数据的传输。

此外，在加工机床上需要进行对刀，有时也需要调刀。电子对刀仪是由机床或其他外部电源通过电缆向对刀器供5V直流电，经内部光电隔离，能在对刀时将产生的SSR（开关量）或OTC（高低电平）输出信号通过电缆输出至机床的数控系统，以便结合专用的控制程序实现自动对刀、自动设定或更新刀具的半径和长度补偿值。这些适用于加工中心和数控镗、铣床，也可以作为手动对刀器用于单件、小批量生产。

五、自动化换刀装置

机械加工一个零件往往需要多道工序的加工。在无法自动换刀数控机床的加工过程中，真正用来切削的时间只占工作时间的30%左右，其中有相当一部分时间用在了装卸、调整刀具的辅助工作上。所以，采用自动化换刀装置将有利于充分发挥数控机床的作用。

具有自动快速换刀功能的数控机床称为加工中心，它可以预先将各种类型和尺寸的刀具存储在刀库中。加工时，机床可根据数控加工指令自动选择所需要的刀具并装进主轴，或刀架自动转位换刀，工件在一次装夹下就能实现诸如车、钻、镗和铣等多种工序的加工。

在数控机床上，实现刀具自动交换的装置称为自动换刀装置。作为自动换刀装置的功能，它必须能够存放一定数量的刀具，即有刀库或刀架，并能完成刀具的自动交换。因此，对自动换刀装置的基本要求是刀具存放数量多、刀库容量大、换刀时间短、刀具重复定位精度高、结构简单、制造成本低、可靠性高。其中，特别是自动换刀装置的可靠性，对于自动换刀机床来说尤为重要。

（一）刀具交换装置

数控机床的换刀系统中，能够在刀库与机床主轴之间传递和装卸刀具的装置称为刀具交换装置。刀具的交换主要有两类方式：一是刀库与机床主轴的相对运动实现刀具交换；二是利用机械手交换刀具来实现换刀，刀具的交换方式对机床的生产效率产生直接的影响。

1. 利用刀库与机床主轴的相对运动实现刀具交换的装置

换刀之前必须先将刀具送回刀库，而后从刀库中取到新的刀具，这是一组连贯动作，并不可能同时进行，所以完成换刀的时间较长。如图 4-1 所示的换刀装置就是采用相对运动的方式。换刀具体过程如下：首先使主轴上的定位键和刀库的定位键保持一致，同时，沿垂直 Z 轴快速向上运动到换刀点，准备好换刀。刀库向右运动，刀座中的弹簧机构卡入刀柄 V 形槽中，主轴内的刀具夹紧装置放松，刀具被松开，主轴箱上升，使主轴上的刀具放回刀库的空刀座中，然后刀库旋转，将下一步需要的刀具转到主轴下，主轴箱下降，将刀具插入机床的主轴。同时，主轴箱内的夹紧装置夹紧刀具，刀库快速向左返回，将刀库从主轴下面移开，刀库恢复原位，主轴箱再向下运动，便可以进行下一工序的加工。

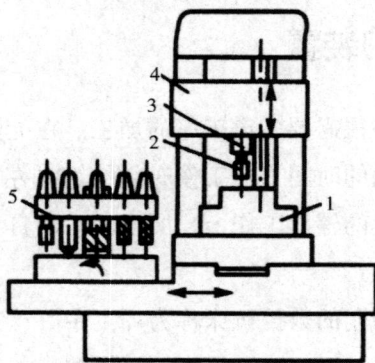

1. 工件；2. 刀具；3. 主轴；4. 主轴箱；5. 刀库

图 4-1　利用刀库与机床运动进行自动换刀的数控装置

由图 4-1 可见，该机床的鼓轮式刀库的结构较简单，换刀过程却较复杂。它的选刀和换刀由三个坐标轴的数控定位系统完成，因而每交换一次刀具，工作台和主轴箱就必须沿着三个坐标轴做两次来回运动，因而增加了换刀时间。另外，由于刀库置于工作台上，减少了工作台的有效使用面积。

2. 利用机械手实现刀具交换的装置

使用机械手完成换刀应用最为广泛，主要是由于机械手换刀的灵活性。此装置的优点是在刀库的布置和添加刀具的功能上不受系统结构功能的限制，从而在整体上提高了换刀速度。

机械手根据不同的机床而品种繁多，在所有的机械手中，双臂机械手最灵活、有效。

机械手在运动方式上又可分为单臂单爪回转式机械手、单臂双爪回转式机械手、双臂回转式机械手、双机械手等多种。机械手的运动主要是通过液压、气动、机械凸轮联动机构等来实现。

（二）换刀机械手

1. 单臂单爪回转式机械手

此类机械手的手臂可以在空间的任意角度回转换刀，手臂上仅有一个卡爪，无论是在刀库还是主轴，都依靠这一卡爪实现装刀或卸刀，因此完成换刀需花费较长的时间。

2. 单臂双爪回转式机械手

此类机械手的手臂上有两个卡爪，两个卡爪的任务各不相同：一个卡爪的任务是从主轴上取下旧刀并送回刀库；另一个卡爪的任务是从刀库取出新刀，并送到主轴，换刀效率较高。

3. 双臂回转式机械手

此类机械手有两个手臂，每个手臂各有一个卡爪，两个卡爪可以同时抓取刀库或主轴上的刀具，回转 180° 后又同时将刀具放回刀库及装入主轴。换刀时间大大提高，比以上两种机械手臂都快，是最常用的方式。

4. 双机械手

此类机械手相当于两个单臂单爪机械手，两者自动配合实现换刀：其中一个机械手从主轴上取下"旧刀"送往刀库；另一个机械手从刀库取出"新刀"，并装入机床主轴。

5. 双臂往复交叉式机械手

此类机械手的两个手臂能够往复运动，并能够相互交叉。其中一个手臂将主轴上的刀具取下并送回刀库，另一个手臂从库中取出新刀并装入主轴。这类机械手可沿着导轨直线移动或绕着某个转轴回转，从而实现刀库与主轴的换刀工作。

6. 双臂端面夹紧式机械手

此类机械手与前几种机械手仅在夹紧部位上不同。前几种机械手都是通过夹紧刀柄的外圆表面抓取刀具，而这类机械手则夹紧刀柄的两个端面。

第四节　装配过程自动化

装配是整个生产系统的一个主要组成部分，也是机械制造过程的最后环节。相对于加工技术而言，装配技术落后许多年，装配工艺已成为现代生产的薄弱环节。因此，实现装配过程的自动化越来越成为现代工业生产中迫切需要解决的一个重要问题。

一、装配自动化在现代制造业中的重要性

装配自动化是实现生产过程综合自动化的重要组成部分。其意义在于提高生产效率、降低成本、保证产品质量，特别是减轻或取代特殊条件下的人工装配劳动。

装配是一项复杂的生产过程。人工操作已经不能与当前的社会经济条件相适应，因为人工操作既不能保证工作的一致性和稳定性，又不具备准确判断、灵巧操作，并赋以较大作用力的特性。同人工装配相比，自动化装配具备如下优点：

（1）装配效率高，产品生产成本下降。尤其是在当前机械加工自动化程度不断得到提高的情况下，装配效率的提高对产品生产效率的提高具有更加重要的意义。

（2）自动装配过程一般在流水线上进行，采用各种机械化装置来完成劳动量最大和最繁重的工作，大大降低了工人的劳动强度。

（3）不会因工人疲劳、疏忽、情绪、技术不熟练等因素的影响，而造成产品质量缺陷或不稳定。

（4）自动化装配所占用的生产面积比手工装配完成同样生产任务的工作面积要小得多。

（5）在电子、化学、宇航、国防等行业中，许多装配操作需要特殊环境，人类难以进入或非常危险，只有自动化装配才能保障生产安全。

二、自动装配工艺过程分析和设计

（一）自动装配工艺设计的一般要求

自动装配工艺比人工装配工艺设计要复杂得多，通过手工装配很容易完成的工作，有时采用自动装配却要设计复杂的机构与控制系统。因此，为使自动装配工艺设计先进可靠、经济合理，在设计中应注意如下几个问题：

1. 自动装配工艺的节拍

自动装配设备中，多工位刚性传送系统多采用同步方式，故有多个装配工位同时进行装配作业。为使各工位工作协调，并提高装配工位和生产场地的效率，必然要求各工位装配工作节拍同步。

装配工序应力求可分。即对装配工作周期较长的工序，可同时占用相邻的几个装配工位，以便使装配工作在相邻的几个装配工位上逐渐完成来平衡各个装配工位上的工作时间，从而使各个装配工位的工作节拍相等。

2. 除正常传送外宜避免或减少装配基础件的位置变动

自动装配过程是将装配件按规定顺序和方向装到装配基础件上。通常，装配基础件需要在传送装置上自动传送，并要求在每个装配工位上准确定位。

因此，在自动装配过程中，应尽量减少装配基础件的位置变动，如翻身、转位、升降等动作，以避免重新定位。

3. 合理选择装配基准面

装配基准面通常是精加工面或是面积大的配合面，同时应考虑装配夹具所必需的装夹面和导向面。只有合理选择装配基准面，才能保证装配定位精度。

4. 易缠绕零件的定量隔离

装配件中的螺旋弹簧、纸箱垫片等都是容易缠绕贴连的，其中尤以小尺寸螺旋弹簧更易缠绕。其定量隔离的主要方法有以下两种：

（1）采用弹射器将绕簧机和装配线衔接

其具体特征为：经上料装置将弹簧排列在斜槽上，再用弹射器一个一个地弹射出来，将绕簧机与装配线衔接，由绕簧机统制出一个，即直接传送至装配线，避免弹簧相互接触而缠绕。

（2）改进弹簧结构

具体做法是在螺旋弹簧的两端各加两圈紧密相接的簧圈，来防止它们在纵向相互缠绕。

（二）自动装配工艺设计

1. 产品分析和装配阶段的划分

装配工艺的难度与产品的复杂性成正比，因此设计装配工艺前，应认真分析产品的装配图和零件图。零部件数目大的产品则须通过若干装配操作程序完成。在设计装配工艺时，整个装配工艺过程必须按适当的部件形式划分为几个装配阶段进行，部件的一个装配单元形式完成装配后，必须经过检验，合格后再以单个部件与其他部件继续装配。

2. 基础件的选择

装配的第一步是基础件的准备。基础件是整个装配过程中的第一个零件。往往是先把基础件固定在一个托盘或一个夹具上，使其在装配机上有一个确定的位置。这里基础件是在装配过程只须在其上面继续安置其他零部件的基础零件（常指底盘、底座或箱体类零件），基础件的选择对装配过程有重要影响。在回转式传送装置或直线式传送装置的自动化装配系统中，也可以把随行夹具看成基础件。

三、自动装配的部件

（一）运动部件

装配工作中的运动包括三个方面物体的运动。

（1）基础件、配合件和连接件的运动。

（2）装配工具的运动。

（3）完成的部件和产品的运动。

运动是坐标系中的一个点或一个物体与时间相关的位置变化（包括位置和方

向），输送或连接运动可以基本上划分为直线运动和旋转运动。因此每一个运动都可以分解为直线单位或旋转单位，它们作为功能载体被用来描述配合件运动的位置和方向以及连接过程。按照连接操作的复杂程度，连接运动常被分解成三个坐标轴方向的运动。

重要的是配合件与基础件在同一坐标轴方向运动，但具体由配合件还是由基础件实现这一运动并不重要。工具相对于工件运动，可以由工作台执行，也可以由一个模板带着配合件完成，还可以由工具或工具、工件双方共同来执行。

（二）定位机构

由于各种技术方面的原因（惯性、摩擦力、质量改变、轴承的润滑状态），运动的物体不能精确地停止。在装配中最经常遇到的是工件托盘和回转工作台，两者都需要一种特殊的止动机构，以保证其停止在精确的位置上。

装配对定位机构的要求非常高，它必须能承受很大的力量，且能精确地工作。

四、自动装配机械

随着自动化的不断发展，装配工作（包括至今为止仍然靠手工完成的工作）可以利用机器来实现，产生了一种自动化的装配机械，即实现了装配自动化。自动装配机械按类型分，可分为单工位自动装配机与多工位自动装配机两种：

（一）单工位自动装配机

单工位自动装配机是指只有单一的工位，没有传送工具的介入，只有一种或几种装配操作。这种装配机的应用多限于只由几个零件组成且不要求有复杂装配动作的简单部件。

单工位自动装配机在一个工位上执行一种或几种操作，没有基础件的传送，比较适合于在基础件的上方定位，并进行装配操作。其优点是结构简单，可以装配最多由六个零件组成的部件。通常适用于 2~3 个零部件的装配，装配操作必须按顺序进行。

（二）多工位自动装配机

对 3 个零件以上的产品通常用多工位自动装配机进行装配，装配操作由各个工位分别承担。多工位自动装配机需要设置工件传送系统，传送系统一般有回转式或直进式两种。

工位的多少由操作的数目来决定，如进料、装配、加工、试验、调整、堆放等。传送设备的规模和范围由各个工位布置的多种可能性决定。各个工位之间有适当的自由空间，使得一旦发生故障，可方便采取补偿措施。

一般螺钉拧入、冲压、成型加工、焊接等操作的工位与传送设备之间的空间布置小于零件送料设备与传送设备之间的布置。

装配机的工位数多少基本上已决定了设备的利用率和效率。装配机的设计又常受工件传送装置的具体设计要求制约。这两条规律是设计自动装配机的主要依据。

检测工位布置在各种操作工位之后，可以立即检查前面操作过程的执行情况，并能引入辅助操作措施。

（三）工位间传送方式

装配基础件在工位间的传送方式有连续传送和间歇传送两类。

（1）连续传送中，工件连续恒速传送，装配作业与传送过程重合，故生产速度高、节奏性强。但不便于采用固定式装配机械，装配时工作头和工件之间相对定位有一定困难。

（2）间歇传送中，装配基础件由传送装置按节拍时间进行传送，装配对象停在装配工位上进行装配，作业一完成即传送至下一工位，便于采用固定式装配机械，避免装配作业受传送平稳性的影响。按节拍时间特征，间歇传送方式又可以分为同步传送和非同步传送两种。

同步传送方式的工作节拍是最长的工序时间与工位间传送时间之和，工序时间较短的其他工位上存在一定的等工浪费，并且一个工位发生故障时，全线都会受到停车影响。为此，可采用非同步传送方式。

非同步传送方式不但允许各工位速度有所波动，而且可以把不同节拍的工序组织到一个装配线中，使平均装配速度趋于提高，适用于操作比较复杂而又包括手工工位的装配线。

第五节 检测过程自动化

在自动化制造系统中，由于从工件的加工过程到工件在加工系统中的运输和存贮都是以自动化的方式进行的，因此为了保证产品的加工质量和系统的正常运行，需要对加工过程和系统运行状态进行检测与监控。

加工过程中，产品质量的自动检测与监控的主要任务在于：预防产生废品、减少辅助时间、加速加工过程、提高机床的使用效率和劳动生产率。它不仅可以直接检测加工对象本身，也可以通过检验生产工具、机床和生产过程中某些参数的变化来间接检测和控制产品的加工质量，还能根据检测结果主动地控制机床的加工过程，使之适应加工条件的变化，防止废品产生。

一、检测自动化的目的和意义

自动化检测不仅用于被加工零件的质量检查和质量控制，还能自动监控工艺过程，以确保设备的正常运行。

随着计算机应用技术的发展，自动化检测的范畴已从单纯对被加工零件几何参数的检测，扩展到对整个生产过程的质量控制，从对工艺过程的监控扩展到实现最佳条件的适应控制生产。因此，自动化检测不仅是质量管理系统的技术基础，也是自动化加工系统不可缺少的组成部分。在先进制造技术中，它还可以更好地为产品质量体系提供技术支持。

值得注意的是，尽管已有众多自动化程度较高的自动检测方式可供选择，但并不意味着任何情况都一定要采用。重要的是根据实际需要，以质量、效率、成本的最优结合来考虑是否采用和采用何种自动检测手段，从而取得最好的技术经济效益。

二、工件的自动识别

工件的自动识别是指快速地获取加工时的工件形状和状态，便于计算机检测工件，及时了解加工过程中工件的状态，以保证产品加工的质量。工件的自动识别可分为工件形状的自动识别，以及工件姿态与位置的自动识别。

对于前者的检测与识别有多种方法，目前典型的并有发展前景的是用工业摄像机的形状识别系统。该系统由图像处理器、电视摄像机、监控电视机、一套计算机控制系统组成。其工作原理是把待测的标准零件的二值化图像存储在检查模式存储器中，利用图像处理器和模式识别技术，通过比较两者的特征点进行工件形状的自动识别，对于后者，如果能进行工件姿态和位置识别将对系统正常运行和提高产品质量带来好处。如在物流系统的自动供料过程中，零件的姿态表示其在送料轨道上运行时所具有的状态。由于零件都具有固定形状和一定尺寸，在输送过程中可视之为刚体。要使零件的位置和姿态完全确定，需要确定其 6 个自由度。当零件定位时，只要通过对其上的某些特征要素，如孔、凸台或凹槽等所处的位置进行识别，就能判断该零件在输送过程中的姿态是否准确。由于零件在输送过程中的位置和姿态是动态的，因此必须对其进行实时识别。而要实现该要求，必须满足不间断输送零件、合理地选择瞬时定位点、可靠地设置光点位置三个技术条件。

利用光敏元件与光点的适当位置进行工件姿态的判别是目前应用比较普遍的识别方法，这种检测方法是以零件的瞬时定位原理为基础的。瞬时定位点是指在零件输送的过程中，用以确定零件瞬时位置和姿态的特征识别点。识别瞬时定位点的光敏元件可以嵌置在供料器输料轨道的背面，利用在轨道上适当地方开设的槽或孔使光源照射进来。当不同姿态的零件通过该区域时，各个零件的瞬时定位点受光状态会有所不同。在对零件输送过程中的姿态进行识别时，主要根据是零件瞬时定位点的受光状态。受光状态和不受光状态分别用二进制码 0 和 1 来表示。

三、工件加工尺寸的自动检测

机械加工的目的在于加工出具有规定品质（要求的尺寸、形状和表面粗糙度等）的零件，如果同时要求加工质量和机床运转的效率，必然要在加工中测量工件的质量，把工件从机床上卸下来，送到检查站测量，这样往往难以保证质量，而且生产效率较低。因此实施在工件安装状态下的测量，即在线测量是十分必要的。为了稳定地加工出符合规定要求的尺寸、形状，在提高机床刚度、热稳定性的同时，必须采用适应性控制。在适应性控制里，如果输入信号不满足要求，无论装备多么好的控制电路，也不能充分发挥其性能，因此对于适应控制加工来说，实时在线检测是必不可少的重要环节。此外，在数控机床上，一般是事先定好刀具的位置，控制其运动轨迹进行加工；而在磨削加工中砂轮经常进行修整，即砂轮直径在不断变化。因此，数控磨床一般都具有实时监测工件尺寸的功能。

（一）长度尺寸测量

长度测量用的量仪按测量原理可分为机械式量仪、光学量仪、气动量仪和电动量仪四大类。而适于大中批量生产现场测量的，主要有气动量仪和电动量仪两大类。

1. 气动量仪

气动量仪先将被测盘的微小位移量转变成气流的压力、流量或流速的变化，然后通过测量这种气流的压力或流量变化，用指示装置指示出来，作为量仪的示值或信号。

气动量仪容易获得较高的放大倍率（通常可达 2000~10000），测量精度和灵敏度均很高，各种指示表能清晰显示被测对象的微小尺寸变化；操作方便，可实现非接触测量；测量器件结构容易实现小型化，使用灵活；气动量仪对周围环境的抗干扰能力强，广泛应用于加工过程中的自动测量。但对气源的要求高，响应速度略慢。

2. 电动量仪

电动量仪一般由指示放大部分和传感器组成，电动量仪的传感器大多应用各种类型的电感和互感传感器及电容传感器。

（1）电动量仪的原理

电动量仪一般由传感器、测量处理电路及显示及执行部分所组成。由传感器将工件尺寸信号转化成电压信号，该电压信号经后续处理电路进行整流滤波后，将处理后的电压信号送 LCD 或 LED 显示装置显示，并将该信号送到执行器执行相关动作。

（2）电动量仪的应用

各种电动量仪广泛应用于生产现场和实验室的精密测量工作。特别是将各个传感器与各种判别电路、显示装置等组成的组合式测量装置，更是广泛应用于工件的多参数测量。

用电动量仪测量各种长度时，可应用单传感器测量或双传感器测量。

用单传感器测量传动装置测量尺寸的优点是只用一个传感器，节省费用；缺点是由于支撑端的磨损或工件自身的形状误差，有时会导入测量误差，影响测量精度。

（二）形状精度测量

用于形位误差测量的气动量仪在指示转换部位与用于测量长度尺寸的量仪大致是相同的，只是所采用的测头不同（可根据具体情况参照有关手册进行设计）。用电动量仪进行形位误差测量时，与测量尺寸值不一样，往往需要测出误差的最大值和最小值的代数差（峰—峰值），或测出误差的最大值和最小值的代数和的一半（平均值），才能决定被测工件的误差。为此，可用单传感器配合峰值电感测微仪去测量，也可应用双传感器通过"和差演算"法测量。

（三）加工过程中的主动测量装置

加工过程中的主动测量装置一般作为辅助装置安装在机床上。在加工过程中，无须要停机测量工件尺寸，而是依靠自动检测装置，在加工的同时自动测量工件尺寸的变化，并根据测量结果发出相应的信号，控制机床的加工过程。主动测量装置可分为直接测量装置和间接测量装置两类。

1. 直接测量装置

直接测量装置根据被测表面的不同，可分为检验外圆、孔、平面和检验断续表面等装置。测量平面的装置多用于控制工件的厚度或高度尺寸，大多为单触点测量，其结构比较简单。其余几类装置，由于工件被测表面的形状特性及机床工作特点不同，因而各具有一定的特殊性。

2. 间接测量装置

主动测量装置间接测量是一种重要的测量方法。这种测量方式通过使用主动测量装置（如激光测距仪、超声波传感器等）来获取目标物体的某些参数，然后通过数学模型或算法计算出所需的最终测量结果。

3. 主动测量装置的主要技术要求

①测量装置的杠杆传动比不宜太大，测量链不宜过长，以保证必要的测量精度和稳定性。对于两点式测量装置，其上下两测端的灵敏度必须相等。

②工作时，测端应不脱离工件。因测端有附加测力，若测力太大，则会降低测量精度和划伤工件表面；反之，则会导致测量不稳定。当确定测力时，应考虑测量装置各部分质量、测端的自振频率和加工条件，如机床加工时产生的振动、切削液流量等。一般两点式测量装置测力选取在 $0.8 \sim 2.5N$，三点式测量装置测力选取在 $1.5 \sim 4N$，三点式测量装置测力选取在 $1.5 \sim 4N$。

③测端材料应十分耐磨，可采用金刚石、红宝石、硬质合金等。

④测臂和测端体应用不导磁的不锈钢制作，外壳体用硬铝制造。

⑤测量装置应有良好的密封性。无论是测量臂和机壳之间，传感器和引出导线之间，还是传感器测杆与套筒之间，均应有密封装置，以防止切削液进入。

⑥传感器的电缆线应柔软，并有屏蔽，其外皮应是防油橡胶。

⑦测量装置的结构设计应便于调整，推进液压缸应有足够的行程。

四、刀具磨损和破损的检测与监控

刀具的磨损和破损，与自动化加工过程的尺寸加工精度和系统的安全可靠性具有直接关系。因此，在自动化制造系统中，必须设置刀具磨损、破损的检测与监控装置，用以防止可能发生的工件成批报废和设备事故。

（一）刀具磨损的检测与监控

1. 刀具磨损的直接检测与补偿

在加工中心或柔性制造系统中，加工零件的批量不大，且常为混流加工。为了保证各加工表面应具有的尺寸精度，较好的方法是直接检测刀具的磨损量，并通过控制系统和补偿机构对相应的尺寸误差进行补偿。

刀具磨损量的直接测量：对于切削刀具，可以测量刀具的后刀面、前刀面或刀刃的磨损量；对于磨削，可以测量砂轮半径磨损量；对于电火花加工，可以测量电极的耗蚀量。

2. 刀具磨损的间接测量和监控

在大多数切削加工过程中，刀具的磨损区往往被工件、其他刀具或切屑遮盖，很难直接测量刀具的磨损值，因此多采用间接测量方式。除工件尺寸外，还可以将切削力或力矩、切削温度、振动参数、噪声和加工表面粗糙度等作为衡量刀具磨损程度的判据。

（二）刀具破损的监控方法

1. 探针式监控

这种方法多用来测量孔的加工深度，同时间接地检查出孔加工刀具（钻头）的完整性，尤其是对于在加工中容易折断的刀具，如直径 10~12mm 的钻头。这种检测方法结构简单，使用很广泛。

2. 光电式监控

采用光电式监控装置可以直接检查钻头是否完整或折断。

这种方法属非接触式检测，一个光敏元件只可检查一把刀具，在主轴密集、刀具集中时不好布置，信号必须经放大，控制系统较复杂，还容易受切屑干扰。

3. 气动式监控

这种监控方式的工作原理和布置与光电式监控装置相似。钻头返回原位后，气阀接通，气流从喷嘴射向钻头，当钻头折断时，气流就冲向气动压力开关，发出刀具折断信号。这种方法的优缺点及适用范围与光电式监控装置相同，同时还有清理切屑的作用。

4. 声发射式监控

用声发射法来识别刀具破损的精度和可靠性已成为目前很有前途的一种刀具破损监控方法。声发射（Acoustic Emission，AE）是固体材料受外力或内力作用而产生变形、破裂或相位改变时，以弹性应力波的形式释放能量的一种现象。刀具损坏时，将产生高频、大幅度的声发射信号，它可用压电晶体等传感器检测出来。由于声发射的灵敏度高，因此能够进行小直径钻头破损的在线检测。

第五章　自动化制造的控制系统

第一节　机械制造自动化控制系统的分类

机械制造自动化控制系统有多种分类方法，比如，根据机械制造的控制系统发展分为机械传动的自动控制、液压传动的自动控制、继电接触器自动控制、计算机控制等，根据机械制造的控制系统应用范围分为局部部件控制、单机控制、多机联合控制、网络化多层计算机控制等。下面主要介绍以自动控制形式分类、以参与控制方式分类和以调节规律分类三种分类方法。

一、以自动控制形式分类

（一）计算机开环控制系统

若控制系统的输出对生产过程能行使控制，但控制结果——生产过程的状态没有影响计算机控制的系统，其中计算机、控制器、生产过程等环节没有构成闭合回路，则称为计算机开环控制系统。若生产过程的状态没有反馈给计算机，而是由操作人员监视生产过程的状态并决定着控制方案，使计算机行使其控制作用，这种控制形式称为计算机开环控制。

（二）计算机闭环控制系统

若计算机对生产对象或生产过程进行控制时，生产过程状态能直接影响计算机控制系统，称为计算机闭环控制系统。其控制计算机在操作人员监视下，自动接受生产过程的状态检测结果，计算并确定控制方案，直接指挥控制部件（器）的动作，行使控制生产过程作用。在这样的系统中，一方面控制部件按控制机发来的控制信息对运行设备进行控制，另一方面运行设备的运行状态作为输出，由检测部件测出后，作为输入反馈给控制计算机，从而使控制计算机、控制部件、生产过程、检测部件构成一个闭环回路，这种控制形式称为计算机闭环控制。计算机闭环控制系统利用数学模型设置生产过程最佳值与检测结果反馈值之间的偏差，以便更好地控制生产过程运行在最佳状态。

（三）在线控制系统

只要计算机对受控对象或受控生产过程能够行使直接控制，不需要人工干预的，都称为计算机在线控制或联机控制系统。在线控制系统可以分为在线实时控制和分时方式控制。计算机实时控制系统是指一种在线实时控制系统，对被控对象的全部操作（信息检测和控制信息输出）都是在计算机直接参与下进行的，无须管理人员干预；计算机分时方式控制是指直接数字控制系统是按分时方式进行控制的，按照固定采样周期对所有的被控制回路逐个进行采样，依次计算并形成控制输出，以实现一个计算机对多个被控回路的控制。

（四）离线控制系统

计算机没有直接参与控制对象或受控生产过程，它只完成受控对象或受控过程的状态检测，并对检测的数据进行处理，而后制订出控制方案，输出控制指示，然后操作人员参考控制指示，进行人工手动操作，使控制部件对受控对象或受控过程进行控制。这种控制形式称为计算机离线控制系统。

（五）实时控制系统

计算机实时控制系统，是指当受控对象或受控过程在请求处理或请求控制时，其控制机能及时处理并进行控制的系统。实时控制系统通常用在生产过程是间断进行的场合，只有进入过程才要求计算机进行控制。计算机一旦进行控制，就要求计算机对来自生产过程的信息在规定的时间内做出反应或控制，这种系统常使用完善的中断系统和中断处理程序来实现。

综上所述，一个在线系统并不一定是实时系统，但是一个实时系统必定是一个在线系统。

二、以参与控制方式分类

（一）直接数字控制系统

由控制计算机取代常规的模拟调节仪表而直接对生产过程进行控制的系统，称为直接数字控制（direct digital control，DDC）系统。受控的生产过程的控制部件接收的控制信号可以通过控制机的过程输入/输出通道中的数/模（D/A）转换器，将计算机输出的数字控制量转换成模拟量，输入的模拟量也要经控制机的过程输入/输出通道的模/数（A/D）转换器转换成数字量进入计算机。

DDC控制系统中常使用小型计算机或微型机的分时系统来实现多个点的控制功能，实际上是属于控制机离散采样，实现离散多点控制。DDC计算机控制系统已成为当前计算机控制系统中的主要控制形式之一。

DDC控制的优点是灵活性大、可靠性高和价格便宜，能用数字运算形式对若干个回路甚至数十个回路的生产过程，进行比例—积分—微分（PID）控制，使工业受控对象的状态保持在给定值，偏差小且稳定，而且只要改变控制算法和应用程序便可实现较复杂的控制，如前馈控制和最佳控制等。一般情况下，DDC控制常作为更复杂的高级控制的执行级。

（二）计算机监督控制系统

计算机监督控制系统（Supervisory Computer Control，SCC）是利用计算机对工业生产过程进行监督管理和控制的计算机控制系统。监督控制是一个二级控制系统，DDC计算机直接对被控对象和生产过程进行控制，其功能类似于DDC直接数字控制系统。直接数字控制系统的设定值是事先规定的，但监督控制系统可以通过对外部信息的检测，根据当时的工艺条件和控制状态，按照一定的数学模型和优化准则，在线计算最优设定值，并及时送至下一级DDC计算机，实现自适应控制，使控制过程始终处于最优状态。

（三）计算机多级控制系统

计算机多级控制系统是按照企业组织生产的层次和等级配置多台计算机来综合实施信息管理和生产过程控制的数字控制系统。通常，计算机多级控制系统由直接数字控制系统、监督控制系统和管理信息系统三部分组成。

（1）直接数字控制系统（DDC）。位于多级控制系统的最末级，其任务是直接控制生产过程，实施多种控制功能，并完成数据采集、报警等功能。直接数字控制系统通常由若干台小型计算机或微型计算机构成。

（2）监督控制系统（SCC）。是多级控制系统的第二级，指挥直接数字控制系统的工作。在有些情况下，监督控制系统也可以兼顾一些直接数字控制系统的工作。

（3）管理信息系统（MIS）主要进行计划和调度，指挥监督控制系统工作。按照管理范围还可以把管理信息系统分为若干个等级，如车间级、工厂级、公司级等。管理信息系统的工作通常由中型计算机或大型计算机来完成。

计算机多级控制系统如图 5-1 所示。

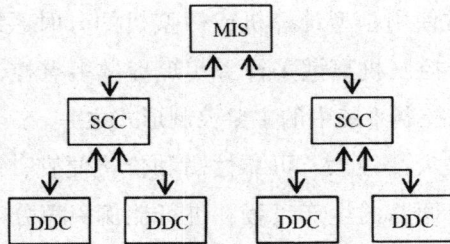

图 5-1　计算机多级控制系统示意图

（四）集散控制系统

在计算机多级控制系统的基础上发展起来的集散控制系统是生产过程中的一种比较完善的控制和管理系统。集散控制系统（Distributed Control Systems，DCS），是由多台计算机分别控制生产过程中多个控制回路，同时又可集中获取数据和集中管理的自动控制系统。

集散控制系统采用微处理器分别控制各个回路，并用中小型工业控制计算机或高性能的微处理机实现上一级的控制，各回路之间和上下级之间通过高速数据通道交换信息。集散控制系统具有数据获取、直接数字控制、人机交互及监督和管理等功能。

在集散控制系统中，按地区把微处理机安装在测量装置与执行机构附近，将控制功能尽可能分散，管理功能相对集中。这种集散化的控制方式会提高系统的可靠性，不像在直接数字控制系统中，当计算机出现故障时会使整个系统失去控制。在集散控制系统中，当管理级出现故障时，过程控制级仍有独立的控制能力，个别控制回路出现故障也不会影响全局。相对集中的管理方式有利于实现功能标准化的模块化设计，与计算机多级控制相比，集散控制系统在结构上更加灵活，布局更加合理，成本更低。

集散控制系统通常可分为二层结构模式、三层结构模式和四层结构模式。图5-2 为二层结构模式的集散控制系统的结构形式。

如图 5-2 所示，第一层为前端机，也称下位机、直接控制单元。前端机直接面对控制对象完成实时控制、前端处理功能。第二层称为中央处理机，又称上位机，完成后续处理功能。中央处理机不直接与现场设备打交道，即使中央处理机失效，设备的控制功能依旧能得到保证。在前端计算机和中央处理机间再加一层中间层计算机，便构成了三层结构模式的集散控制系统。四层结构模式的离散控制系统中，第一层为直接控制级，第二层为过程管理级，第三层为生产管理级，第四层为经营管理级。集散控制系统具有硬件组装积木化、软件模块化、组态控制系统、应用先进的通信网络，以及具有开放性、可靠性等特点。

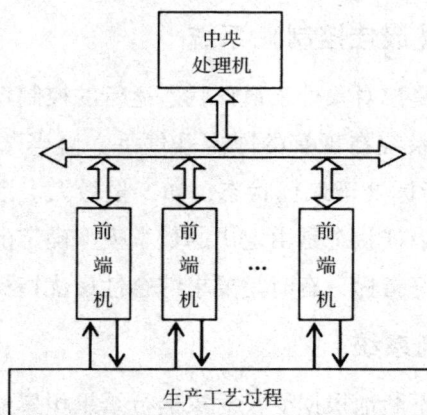

图 5-2　二层结构模式的集散控制系统示意图

三、以调节规律分类

（一）程序控制

如果计算机控制系统是按照预先编制的固定程序进行自动控制，则这种控制称为程序控制。例如炉温按照一定的时间曲线进行控制就为程序控制。

（二）顺序控制

在程序控制的基础上产生了顺序控制。计算机如能根据随时间推移所确定的对应值，以及此刻以前控制结果两个方面情况行使对生产过程的控制，则称为计算机的顺序控制。

（三）比例—积分—微分（PID）控制

常规的模拟调节仪表可以完成 PID 控制，用微型计算机也可以实现 PID 控制。

（四）前馈控制

通常的反馈控制系统中，由干扰造成了一定后果后才能反馈过来产生抑制干扰的控制作用，因而产生滞后控制的不良后果。为了克服这种滞后的不良控制，用计算机接收干扰信号后，在还没有产生后果之前插入一个前馈控制作用，使其刚好在干扰点上完全抵消干扰对控制变量的影响，这种控制称为前馈控制，又称为扰动补偿控制。

（五）最优控制（最佳控制）系统

控制计算机如有使受控对象处于最佳状态运行的控制系统，则称为最佳控制系统。此时计算机控制系统在现有的限定条件下，恰当选择控制规律（数学模型），使受控对象运行指标处于最优状态，如产量最大、消耗最少、质量合格率最高、废品率最少等。最佳状态是由定出的数学模型确定的：有时是在限定的某几种范围内追求单项最好指标，有时是要求综合性最优指标。

（六）自学习控制系统

如果用计算机能够不断地根据受控对象运行结果积累经验，自行改变和完善控制规律，使控制效果越来越好，这样的控制系统称为自学习控制系统。

最优控制、自适应控制和自学习控制都涉及多参数、多变量的复杂控制系统，都属于近代控制理论研究的问题。系统稳定性的判断，多种因素影响控制的复杂数学模型研究等，都必须有生产管理、生产工艺、自动控制、检测仪表、程序设计、计算机硬件各方面人员相互配合才能得以实现。应根据受控对象要求反应时间的长短、控制点数的多少和数学模型的复杂程度决定所选用的计算机规模。一般来说，需要功能很强（速度与计算功能）的计算机才能实现。

上述诸种控制。既可以是单一的，也可以是几种形式结合的，并对生产过程实现控制。这要针对受控对象的实际情况，在系统分析、系统设计时确定。

第二节　顺序控制系统

顺序控制是指按预先设定好的顺序使控制动作逐次进行的控制，目前多用成熟的可编程序控制器来完成顺序控制。在机械制造自动化控制系统中，顺序控制经历了固定程序的继电器控制、组合式逻辑顺序控制和计算机可编程序控制器三个阶段。

一、固定程序的继电器控制

一般来说，继电器控制系统的主要特点是，利用继电器接触器的动合触点（用 K 表示）和动断触点的串、并联组合来实现基本的"与""或""非"等逻辑控制功能。

如图 5-3 所示为"与""或""非"逻辑控制图。由图可见，触点的串联叫作"与"控制，如 K_1 与 K_2 都动作时 K 才能得电；触点的并联叫作"或"控制，如 K_1 或 K_2 有一个动作 K 就得电；而动合触点 K_2 与动断触点 K_1 互为相反状态，叫作"非"控制。

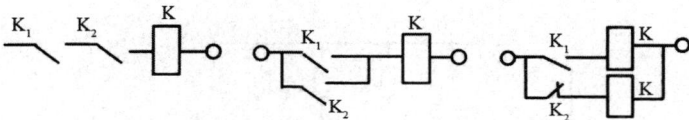

图 5-3　基本的"与""或""非"逻辑控制图

在继电控制系统中，还用到时间继电器（如延时打开、延时闭合、定时工作等），有时还需要其他控制功能，如计数等。这些都可以用时间继电器及其他继电器的"与""或""非"触点组合加以实现。

二、组合式逻辑顺序控制

若要克服继电接触器顺序控制系统程序不能变更的缺点，同时使强电控制的电路若电化，只须将强电换成低压直流电路，在增加一些二极管构成所谓的矩阵电路即可实现。这种矩阵电路的优点在于：一个触点变量可以为多个支路所公用，而且调换二极管在电路中的位置能够方便地重组电路，以适应不同的控制要求。这种控制器一般由输入、输出、矩阵板（组合网路）三部分组成。

（一）输入部分

输入部分主要由继电器组成，用来反映现场的信号，如来自现场的行程开关、按钮、接近开关、光电开关、压力开关以及其他各种检测信号等，并把它们统一转换成矩阵板所能接受的信号送入矩阵板。

（二）输出部分

输出部分主要由输出放大器和输出继电器组成，其主要作用是把矩阵送来的电信号变成开关信号，用来控制执行机构。执行机构（如接触器、电磁阀等）是由输出继电器动合触点来控制的。同时，输出继电器的另一对动合触点和动断触点作为控制信号反馈到矩阵板上，以便编程中需要反馈信号时使用。

（三）矩阵板组合网络

矩阵板及二极管所组成的组合网络，用来综合信号，对输入信号和反馈信号进行逻辑运算，实现逻辑控制功能。

在继电器控制线路中，将两个触点串联起来去控制一个继电器 K，这种串联控制就是"与"控制。在组合式逻辑顺序控制器矩阵中的"与"控制如图 5-4 所示。

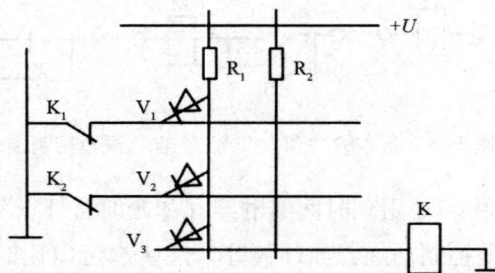

图 5-4 顺序控制器中的"与"控制

以下继电器 K 得电用 z 表示，K_1、K_2 动作分别用 x_1、x_2 表示。由图 5-4 可见，只有 K_1 与 K_2 都动作（打开）时，K 才能得电，用逻辑式表示"与"的关系为：

$$z = x_1 x_2$$

继电器控制线路的"或"控制是由两个触点的并联来实现的，即只要触点之一闭合 K 就得电。在二极管矩阵中的"或"控制如图 5-5 所示。

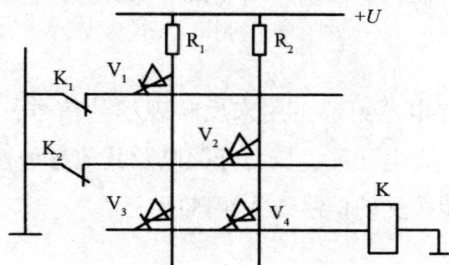

图 5-5 顺序控制器中的"或"控制

当 K_1 打开、K_2 闭合时，K 可由第一条母线（竖线）经二极管 V_3 得电，当 K_2 打开、K_1 闭合时，K 由第二条行母线经二极管 V_4 得电，当 K_1、K_2 都打开时，K 可由两条通路同时得电，其逻辑关系为：

$$z = x_1 + x_2$$

同理可分析"非"控制的原理，图 5-6 可用以说明矩阵板中的"非"控制，图中 K_1' 是动合触点，K_1' 不动作（断开）时，电流经 R、V_2 到 K，使 K 动作；反之，K_1' 动作（闭合）时，电源电压被 V_1 和 K_1' 旁路，K 不能动作。

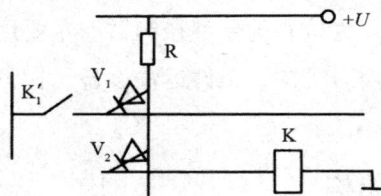

图 5-6　顺序控制器中的"非"控制

上述"与""或""非"的控制组合，可以组成各种控制功能，如"与非""或非""与或非""互锁""计数""记忆"等，从而实现各种控制功能。

一般而言，组合式逻辑顺序控制器，都是以"与""或""非"组合的基本控制单元形式的组合网络为主体，与输入输出及中间元件、时间元件相配合，按程序完成规定的动作，如电磁阀的启动、电动机的起停等，或控制各动作量，如控制位移、时间及有关参量等。

组合式逻辑顺序控制器的设计，需要首先对被控制对象，包括整个生产过程的运行方式、信号的取得、整个过程的动作顺序、与相关设备的联系及有无特殊要求等，做全面的了解。其次，对被采用的控制装置的控制原理、技术性能指标、扩展组合的能力（如输入、输出功能、时间单元特性、计数功能等）也要有充分的了解，然后在此基础上进行设计。其设计方法主要有两种：第一种方法是根据生产工艺要求，采用一般强电控制即继电接触器控制线路的设计方法，其步骤是先写出逻辑式，然后根据逻辑式画矩阵图；第二种方法是根据工艺流程画出动作顺序流程图，由流程图再编写逻辑代数式，最后画二极管矩阵图。

三、计算机可编程序控制器

可编程序控制器是针对传统的继电器控制设备所存在的维护困难、编程复杂等缺点而产生的。最初，可编程逻辑控制器（programmable logic controller，PLC）

主要用于顺序控制，虽然采用了计算机的设计思想，但实际上只能进行逻辑运算。

随着计算机技术的发展，可编程逻辑控制器的功能不断扩展和完善，其功能远远超出了逻辑控制、顺序控制的范围，具备了模拟量控制、过程控制与远程通信等强大功能，所以美国电气制造商协会（NEMA）将其正式命名为可编程控制器（programmable controller），简称 PC。但是为了和个人计算机（personal computer）的简称 PC 相区别，人们常把可编程控制器仍简称为 PLC。

PLC 是一种以微处理器为核心的新型控制器。主要用于自动化制造系统底层设备的控制，如加工中心换刀机构、工件运输设备、托盘交换装置等的控制，属设备控制层。

（一）PLC 的基本结构

可编程控制器的具体结构各不相同，但其基本结构一般都由中央处理单元、输入/输出单元、电源及其他外部设备构成。

1. 中央处理单元

中央处理单元是 PLC 控制系统的核心，负责指挥、协调整个 PLC 的工作，它包括微处理器（CPU）和 ROM、RAM 存储器。

微处理器可以采用通用的 8 位、16 位 CPU 芯片或单片机，也可采用专用的芯片。它通过总线读取指令和数据，根据指令进行运算及数据处理、输出。

ROM 存储器里的内容相当于 PLC 的操作系统，它包括对 PLC 的监控、故障检测、系统管理、用户程序翻译、子程序及其调用等多项功能。

RAM 存储器包括用户程序存储器及功能存储器：前者用于存储用户程序；后者可作为 PLC 的内部器件，如输入/输出继电器、内部继电器、移位继电器、数据寄存器、定时器、计数器等。

2. 输入/输出单元

输入/输出单元是 PLC 与被控设备的接口。输入单元负责将由用户设备送来的控制信号通过输入接口电路转换成中央处理单元可以接收的信号。为了提高抗干扰能力，输入单元必须采用光电耦合方式使输入信号与内部电路在电路上隔离，同时还要进行干扰滤波。

输出单元也需要采用光耦元件或继电器进行内外电路的隔离，必要时还要进行功率放大，以便驱动工业控制设备。

在输入/输出端子的配线上，通常是若干个输入/输出端子共用一个公共端子，公共端子之间在电气上绝缘，这称为汇点方式。若输入/输出设备需独立电源或对干扰较敏感，也可采用各回路间相互独立的隔离方式。PLC 一般都提供了这两种配线方式。

3. 电源

PLC 的电源用以将交流电转换成中央处理单元动作所需的低压直流电，它也需要较好的性能及稳定性，以免影响 PLC 的工作。目前大多采用开关式稳压电源。

4. 外部设备

中央处理单元、输入/输出单元和电源是 PLC 工作必不可少的三部分。除此之外，PLC 还配有多种接口，以便进行扩展和连接一些外部设备，如编程器、打印机、磁带机、磁盘驱动器、计算机等。

（二）PLC 的主要特点及应用

1. 控制程序可变，具有很好的柔性

在控制任务发生变化和控制功能扩展的情况下，不必改变 PLC 的硬件，只须根据需要重新编程就可适应。PLC 的应用范围不断扩大，除了代替硬接线的继电器——接触器控制，还进入了工业过程控制计算机的应用领域，从自动化单机到自动化制造系统都得到应用，如数控机床、工业机器人、柔性制造单元、柔性制造系统、柔性制造线等。

2. 工作可靠性高，适用于工业环境

PLC 产品平均无故障时间一般可达 5 年以上，它经得起振动、噪声、温度、湿度、粉尘、磁场等的干扰，是一种高度可靠的工业产品，可直接应用于工业现场。

3. 功能完善

早期的 PLC 仅具有逻辑控制功能，现代的 PLC 具有数字和模拟量输入和输出、逻辑和算数运算、定时、计数、顺序控制、PID 调节、各种智能模块、远程 I/O 模块、通信、人机对话、自诊断、记录和图形显示等功能。

4. 易于掌握，便于修改

PLC 使用编程器进行编程和监控，使用人员只需掌握工程上通用的梯形图语

言（或语词表、流程图）就可进行用户程序的编制和调试。即使不太懂计算机的操作人员也能掌握和使用。

PLC 有完善的自诊断功能、输入/输出均有明显的指示，在线监控的软件功能很强，能很快查出故障的原因，并能迅速排除故障。

5. 体积小，省电

与传统的控制系统相比较，PLC 的体积很小，一台收录机大小的 PLC 相当于 1.8m 高的继电器控制柜的功能。而且 PLC 消耗的功率只是传统控制系统的 1/3～1/2。

6. 价格低廉

随着集成电路芯片功能的提高和价格的降低，PLC 的硬件价格也在不断下降，PLC 的软件价格所占的比重在不断提高。但由于使用 PLC 减少了设计、编程和调试费用，总的费用还是低廉的，而且还呈不断下降的趋势。

第三节　计算机数字控制系统

一、CNC 机床数控系统的组成及功能原理

CNC 机床数控系统由输入程序、输入输出设备、计算机数字控制装置、可编程控制器（PLC）、进给伺服驱动装置、主轴伺服驱动装置等组成。

数控系统的核心是 CNC 装置。CNC 装置采用存储程序的专用计算机，它由硬件和软件两部分组成，软件在硬件环境支持下完成一部分或全部数控功能。

CNC 装置的主要功能如下：

一是运动轴控制和多轴联动控制功能。

二是准备功能：用来设定机床动作方式，包括基本移动、程序暂停、平面选择、坐标设定、刀具补偿、固定循环等。

三是插补功能：包括直线插补、圆弧插补、抛物线插补等。

四是辅助功能：用来规定主轴的启停、转向、冷却润滑的通断、刀库的启停等。

五是补偿功能：包括刀具半径补偿、刀具长度补偿、反向间隙补偿、螺距补偿、温度补偿等。

此外，还有字符图形显示、故障诊断、系统通信、程序编辑等功能。数控系统中的 PLC 主要用于开关量的输入和控制，包括控制面板的输入、机床主轴的停启与换向、刀具的更换、冷却润滑的启停、工件的夹紧与松开、工作台分度等开关量的控制。数控系统的工作过程：一是从零件程序存储区逐段读出数控程序；二是对读出的程序段进行译码，将程序段中的数据依据各自的地址送到相应的缓冲区，同时完成对程序段的语法检查；三是进行数据预处理，包括刀具半径补偿、刀具长度补偿、象限及进给方向判断、进给速度换算及机床辅助功能判断，将预处理数据直接送入工作寄存器，提供给系统进行后续的插补运算；四是进行插补运算，根据数控程序 G 代码提供的插补类型及所在象限、作用平面等进行相应的插补运算，并逐次以增量坐标值或脉冲序列形式输出，使伺服电机以给定速度移动，控制刀具按预定的轨迹加工；五是数控程序中的 M、S、T 等辅助功能代码经过 PLC 逻辑运算后控制机床继电器、电磁阀、主轴控制器等执行元件动作；六是位置检测元件将坐标轴的实际位置和工作速度实时反馈给数控装置或伺服装置，并与机床指令进行比较后对系统的控制量进行修正和调节。

二、CNC 装置硬件结构

CNC 装置的硬件结构一般分为单 CPU 结构、多 CPU 结构及直接采用 PC 微机的 CNC 系统结构。

（一）单 CPU 结构

在单 CPU 结构中，只有一个 CPU 集中控制、分时处理的数控的多个任务。虽然有的 CNC 装置有两个以上的 CPU，但只有一个 CPU 能够控制系统总线，占有总线资源，而其他的 CPU 成为专用的智能部件，不能控制系统总线，不能访问主存储器。

（二）多 CPU 结构

多 CPU 数控装置配置多个 CPU 处理器，通过公用地址与数据总线进行相互连接，每个 CPU 共享系统公用存储器与 I/O 接口，各自完成系统所分配的功能，从而将单 CPU 系统中的集中控制、分时处理作业方式转变为多 CPU 多任务并行处理方式，最终使整个系统的计算速度和处理能力得到大大提高。

多 CPU 结构的 CNC 装置以系统总线为中心，把各个模块有效地连接在一起，按照系统总体要求交换各种数据和控制信息，实现各种预定的控制功能。

这种结构的基本功能模块可分为以下五类：

一是 CNC 管理模块，用于控制管理的中央处理机。

二是位置控制模块、PLC 模块及对话式自动编程模块，用于处理不同的控制任务。

三是存储器模块，用于存储各类控制数据和机床数据。

四是 CNC 插补模块，用于对零件程序进行译码、刀具半径补偿、坐标位移量计算、进给速度处理等插补前的预处理，完成插补计算，为各坐标轴提供精确的给定位置。

五是输入/输出和显示模块，用于工艺数据处理的二进制输入/输出接口、外围设备耦合的串行接口，以及处理结构输出显示。

多 CPU 结构的 CNC 系统具有良好的适应性、扩展性和可靠性，性价比高，因此被众多数控系统采用。

（三）基于 PC 微机的 CNC 系统结构

基于 PC 微机的 CNC 系统是当前数控系统的一种发展趋势，它得益于 PC 微机的飞速发展和软件控制技术的日益完善。利用 PC 微机丰富的软硬件资源可将许多现代控制技术融入数控系统；借助 PC 微机友好的人机交互界面，可为数控系统增添多媒体功能和网络功能。

三、CNC 数控系统的软件结构

软件的结构取决于装置中软件和硬件的分工，也取决于软件本身的工作性质。CNC 系统软件包括零件程序的管理软件和系统控制软件两大部分。零件程序的管理软件实现屏幕编辑、零件程序的存储及调度管理，以及与外界的信息交换等功能。系统控制软件是一种前后台结构式的软件。前台程序（实时中断服务程序）承担全部实时功能，而准备工作及协调处理则在后台程序中完成。后台程序是一个循环运行的程序，在其运行过程中实时中断服务程序不断插入，共同完成零件加工任务。

CNC 系统是一个专用的实时多任务计算机控制系统，其控制软件中融合了当今计算机软件技术的许多先进技术，其中最突出的是多任务并行处理和多重实时中断。多任务并行处理所包含的技术有 CNC 装置的多任务、并行处理的资源分时共享和资源重叠流水处理、以及并行处理中的信息交换和同步，等等。

四、开放式 CNC 数控系统

数控系统越来越广泛地应用到各种控制领域，同时不断地对数控系统软硬件提出了新的要求。其中较为突出的是要求数控系统具有开放性，以满足系统技术的快速发展和用户自主开发的需要。

采用 PC 微机开发开放式数控系统已成为数控系统技术发展的主流，这也是国内外开放式数控系统研究的一个热点。实现基于 PC 微机的开放式数控系统有如下三种途径：

（一）PC 机+专用数控模板

PC 机+专用数控模板即在 PC 机上嵌入专用数控模板，该模板具有位置控制功能、实时信息采集功能、输入输出接口处理功能和内装式 PLC 单元等。这种结构形式使整个系统可以共享 PC 机的硬件资源，利用其丰富的支撑软件可以直接与网络和 CAD/CAM 系统连接。与传统 CNC 系统相比较，它具有软硬件资源的丰富性、透明性和通享性，便于系统的升级换代。然而，这种结构形式的数控系统的开放性只限于 PC 微机部分，其专用的数控部分仍处于封闭状态，只能说是有限开放。

（二）PC 机+运动控制卡

这种基于开放式运动控制卡的系统结构是以通用微机为平台，以 PC 机标准插件形式的开放式运动控制卡为控制核心。通用 PC 机负责如数控程序编辑、人机界面管理、外部通信等功能，运动控制卡负责机床的运动控制和逻辑控制。这种运动控制卡以子程序的方式解释并执行数控程序，以 PLC 子程序完成机床逻辑量的控制；支持用户的二次开发和自主扩展，既具有 PC 微机的开放性，又具有专用数控模块的开放性，可以说具有上、下两级的开放性。这种运动控制卡是以美国 Delta Tau 公司的 PMAC 多轴运动卡（programmable multi-axis controller）为典型代表。它拥有自身的 CPU，同时开放包括通信端口、存储结构在内的大部分地址空间，具有灵活性好、功能稳定、可共享计算机所有资源等特点。

（三）纯 PC 机型

纯 PC 机型即全软件形式的 PC 机数控系统。这类系统目前正处于探索阶段，还未能形成产品，但它代表了数控系统的发展方向。

第四节　自适应控制系统

一、自适应控制的含义

为了使控制对象参数在大范围内变化时，系统仍能自动地工作于最优或接近于最优的运行状态，就提出了自适应控制问题。

自适应控制可简单定义为：在系统工作过程中，系统本身能不断地检测系统参数或运行指标，根据参数的变化或运行指标的变化，改变控制参数或控制作用，使系统运行于最优或接近于最优工作状态。

自适应控制与常规反馈控制一样，也是一种基于数学模型的控制方法，所不同的是，自适应控制所依据的关于模型和扰动的先验知识比较少，需要在系统的运行过程中不断提取有关模型的信息，使模型逐渐完善。

具体地说，可以依据对象的输入输出数据，不断地辨识模型的参数，随着生产过程的不断进行，通过在线辨识，模型会变得越来越准确，越来越接近实际。既然模型在不断改进，显然基于这种模型综合出来的控制作用也将随之不断改进，使控制系统具有一定的适应能力。从本质上来讲，自适应控制具有"辨识—决策—修改"的功能：

第一，辨识被控对象的结构和参数或性能指标的变化，以便精确地建立被控对象的数学模型，或当前的实际性能指标。

第二，综合出一种控制策略或控制律，确保被控系统达到期望的性能指标。

第三，自动修正控制器的参数，以保证所综合出来的控制策略在被控对象上得到实现。

二、自适应控制的基本内容与分类

自20世纪50年代末期由美国麻省理工学院提出第一个自适应控制系统以来，先后出现过许多不同形式的自适应控制系统。截至目前，比较成熟的自适应控制系统有两大类：模型参考自适应控制和自校正控制。前者由参考模型、实际对象、减法器、调节器和自适应机构组成调节器，力图使实际对象的特性接近于参考模型的特性，减法器形成参考模型和实际对象的状态或者输出之间的偏差，自适应机构根据偏差信号来校正调节器的参数或产生附加控制信号。后者主要由两部分组成：一个是参数估计器，另一个是控制器；参数估计器得到控制器的参数修正值，控制器计算控制动作。

自适应控制系统是一种非线性系统，因此在设计时往往要考虑稳定性、收敛性和鲁棒性三个主要内容。

稳定性。在整个自适应控制过程中，系统中的所有变量都必须一致有界。这里的变量不仅指系统的输入、输出和状态，还包括可调参数和增益等，这样才能保证系统的稳定性。

收敛性。算法的收敛性问题是一个十分重要的问题。对自适应控制而言，如果一种自适应算法被证明是收敛的，那该算法就有实际的应用价值。

鲁棒性。所谓自适应控制系统的鲁棒性，是指存在扰动和不确定性的条件下，系统保持其稳定性和性能的能力。如果能保持稳定性，则称系统具有稳定鲁棒性。显然，一个有效的自适应控制系统必须具有稳定鲁棒性，也应当具有性能鲁棒性。

（一）模型参考自适应控制

所谓模型参考自适应控制，就是在系统中设置一个动态品质优良的参考模型，而且在系统运行过程中，要求被控对象的动态特性与参考模型的动态特性一致，如要求状态一致或输出一致。典型的模型参考自适应系统如图 5-7 所示。

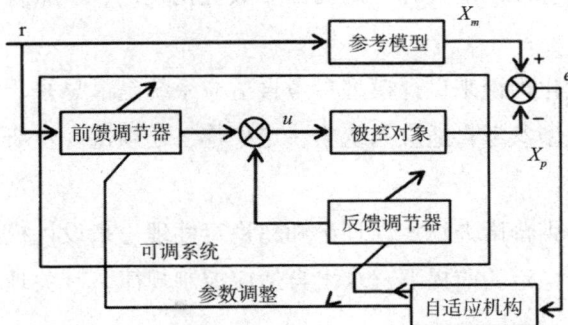

图 5-7　模型参考自适应系统

自适应控制的作用是使控制对象的状态 X_p 与理想的参考模型的状态 X_m 一致。当被控对象的参数变化或受干扰影响时，X_p 与 X_m 可能不一致，通过比较器得到误差向量 e，将 e 输入自适应机构。

自适应机构按照某一自适应规律调整前馈调节器和反馈调节器的参数，改变

被控对象的状态 X_p，使 X_p 与 X_m 相一致，误差 e 趋近于零值，以达到自适应的要求。

在图 5-7 中所示的模型参考自适应控制方案中参考模型和被控对象是并联的，因此这种方案称为并联模型参考自适应系统。在这种自适应控制方案中，由于被控对象的性能与参考模型的性能进行直接比较，因而自适应速度比较快，也较容易实现。这是一种应用范围较广的方案。

控制对象的参数一般是不能调整的，为了改变控制对象的动态特性，只能调节前馈调节器和反馈调节器的参数。控制对象和前馈调节器反馈调节器一起组成一个可调整的系统，称为可调系统，如图 5-7 中虚线框内的部分所示。

有时为了方便起见，就用可调系统方框来表示被控对象和前馈调节器及反馈调节器的组合。

除了并联模型参考自适应控制，还有串联模型参考自适应控制和串并联模型参考自适应控制。在自适应控制中，一般都采用并联模型参考自适应控制。

以上是按结构形式对模型参考自适应控制系统进行分类，还有其他的分类方法。例如，按自适应控制的实现方式（连续性或离散性）来分，可分为：①连续时间模型参考自适应系统；②离散时间模型参考自适应系统；③混合式模型参考自适应系统。

模型参考自适应控制一般适用于确定性连续控制系统。

模型参考自适应控制的设计可用局部参数优化理论、李雅普诺夫稳定性理论和超稳定性理论。

用局部参数优化理论来设计模型参考自适应系统是最早采用的方法，用这种方法设计出来的模型参考自适应系统不一定稳定，还须进一步研究自适应系统的稳定性。

目前都采用李雅普诺夫稳定性理论和超稳定性理论来设计模型参考自适应系统，即在保证系统稳定的前提下，求出自适应控制规律。有关理论可参考自适应控制方面的书籍。

（二）自校正控制

典型的自校正控制如图 5-8 所示，系统受到随机干扰作用。

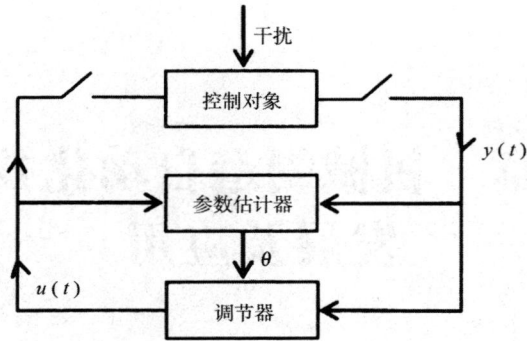

图 5-8　自校正控制

　　自校正控制的基本思想是将参数递推估计算法与对系统运行指标的要求相结合，形成一个能自动校正调节器或控制器参数的实时计算机控制系统。

　　首先读取被控对象的输入 $u(t)$ 和输出 $y(t)$ 实测数据，用在线递推辨识方法，辨识被控对象的参数向量 θ 和随机干扰的数学模型。

　　然后按照辨识求得的参数向量估值和对系统运行指标的要求，随时调整调节器或控制器参数，给出最优控制 $u(t)$ ，使系统适应于本身参数的变化和环境干扰的变化，处于最优的工作状态。

　　自校正控制可分为自校正调节器与自校正控制器两大类。

　　自校正控制的运行指标可以是输出方差最小、最优跟踪或具有希望的极点配置等。因此，自校正控制又可分为最小方差自校正控制、广义最小方差自校正控制和极点配置自校正控制等。

　　设计校正控制的主要问题是用递推辨识算法辨识系统参数，而后根据系统运行指标来确定调节器或控制器的参数。一般情况下，自校正控制适用于离散随机控制系统。

第六章 机械制造自动化技术的发展及应用

第一节 机械制造技术的发展

一、机器视觉技术及其在机械制造自动化的应用

(一) 系统概述

过去，由于设备费用和图像分辨率的限制，机器视觉技术并未在工业中得到广泛应用。通过持续改进，该技术日趋成熟。近年来，随着 PC 功能越来越强大，并且 CCD 系统的分辨率得到提高，机器视觉系统已在许多应用中得到广泛应用。摄像机和光源的选择放置是创建成功视觉系统的最重要步骤之一。因为获得高质量的图像可以大大简化视觉算法，并提高其可靠性。

系统的动力部件主要由轴承、固定中心、皮带和齿轮组成，并由直流电机驱动。固定中心的作用是在两端支承凸轮轴。基本视觉系统由 CCD 摄像机、图像处理软件、图像处理算法、图像处理板和计算机组成。采用背光技术，获得零件外部轮廓清晰的图像。背光产生即时的对比，因为它在明亮的背景下创建黑暗的轮廓。电机和 CCD 摄像机通过插入计算机 PC 主机总线的两张卡与计算机接口。其中一张卡是连接到直流电机的接口卡，用来控制凸轮轴的旋转运动。另一种接口卡是帧采集卡，其中视觉系统的 CCD 摄像机连接到卡上可用的通道。

(二) 分拣系统应用

1. 基于机器视觉的工业机器人分拣系统的相关要求

众所周知，在实际的工业机器人的工作过程中，其面对的诸多工件其实都是几何形状。所以工业机器人的分拣系统要求能够适应几何形状的工件，这样才能

提升整体的工作效率。

为了提升智能工业机器人的工作效率，相关的工作人员可以为其提供一定的便利。在实际的工作过程当中，有可能会发生一定的机械臂碰撞现象，所以，相关的工作人员在工件放置工作当中，要尽量将其分散地进行放置，这样能够有效减少机械臂碰撞的现象。在一定程度上分散放置能够提升机械臂的使用寿命。

2. 实际的分拣实现过程概述

（1）图像预处理

进行图像的预处理有利于分析整个分拣过程，虽然这一操作过程可能会干扰图像的形成，但这一操作还是具有非常重要的作用。

（2）完成目标提取

在这一过程当中，Canny 算子的应用是非常重要的，在对其进行一定的应用之后，得到的图像变化就会形成诸多参数值。这对于后续研究工作具有非常大的积极意义。

（3）单一目标的分析

基于机器视觉的工业机器人分拣系统所面临的工件大多都是几何形状，但是如果只将角点的检测工作作为重要的依据，这项工作其实是十分不全面的，因为无法测出球体这样一个几何工件。为了应对这一问题，需要对 Hough 圆检测进行充分的利用。这样，在实际的工作当中，智能工业机器人分拣系统所面临的几何工件的抓取分拣工作效率就会比较高，而且工作起来就是比较全面的了。所以，在分拣实现的过程当中，要重视对单一工件类型的分析。

（4）依据不同的类型进行抓取工作

在进行实际的抓取工作之前，相关的工作人员要进行不同程度的抓取工作试验，在这一工作过程中，需要针对不同的单一工件进行抓取工作，了解和掌握其主要的特征，其中数据值包括中心与长短轴等。并且，在后续的工作过程当中，需要经过 CAN 总线将特征信息发送至 RC 控制单元，这样就能够控制工业机器人进行后续的分拣抓取工作。

（三）贴标功能的应用

传送带将待贴标产品送至视觉检测工位；光电传感器响应后，工业相机自动抓拍，以获取目标物原始图像；通过以太网将图像传至上位机，上位机图像处理模块对图像进行处理，并得到相关控制指令；将控制指令作用于运动控制模块，对末端执行器进行操作；末端执行器根据指示完成打印和贴标操作；此时，工业相机再次抓拍，以判断实际贴标效果，如果出现"标签不清"等情况，则剔除重新进行贴标，如果合格，则进行下一工序。

1. 硬件设计

贴标系统硬件平台主要包括工业 PC 机、工业相机、打印贴标机构、视觉检测模块、人机交互界面、光电传感器、末端执行器、电源、传送带等。工业 PC 机是控制核心，主要功能如下：用于接收反馈信息、生成控制指令、实时结果显示等；工业相机主要用于图像信息采集，包括贴标位置图像和贴标效果图像；打印贴标机构包括打印机和贴标机，其中打印机用于打印标签，贴标机负责将标签贴到指定位置；视觉检测模块用于判断当前标签是否满足工艺要求；光电传感器用于工位判断，并控制工业相机进行抓拍；人机交互界面用于贴标工艺参数输入、故障反馈、系统实时运行情况反馈等；末端执行器用于剔除不合格产品。

2. 软件设计

所述控制系统软件基于 MFC 和 Open CV 进行开发，Open CV 是一种开源的计算机视觉库，其包含较多的 C 函数以及一些 CH 类函数；而且具有一些可用于图像和视觉处理的通用算法，如 3D 重建、图像分割、图像识别、运动分析、特征检测、特征跟踪等，是一种比较流行的图像处理数据库。

通过上述分析可知：视觉检测模块直接决定贴标位置是否准确以及贴标效果是否理想，所以文中重点讨论视觉检测模块，其主要包括三部分，即图像预处理、边缘检测、模板匹配。

（1）图像预处理

原始图像经过灰度化、图像分割等操作变成二值图像，然后利用形态学滤波去掉二值图像内部的噪声。

（2）边缘检测

对包装盒进行边缘检测，得到其轮廓曲线，经过计算获取贴标的偏转角度、贴标中心点坐标等数据，为贴标做准备。

（3）模板匹配

贴标完成后，通过获取已贴标签图像与模板进行匹配，判断所贴标签位置是否准确，标签是否完整，有无折叠、褶皱等情况。

二、基于节能设计理念的机械制造及自动化应用

（一）选用最佳节能设计流程

在机械制造及自动化的整个设计阶段，设计人员必须保证机械产品的生产质量和生产工作的效率，通过改善设计、优化工艺来降低生产难度，进而实现资源节约的目的。例如机械制造和加工过程中，工作人员可以利用温锻技术进行加工，进而降低冷锻和热锻产生的能源消耗。虽然在现代技术不断发展的情况下，传统机械产品锻造工作产生的部分热能会通过回收再利用，但与温锻方式相比较，其能源消耗十分显著。因此，温锻技术是节能设计理念下有效降低能源消耗的重要技术。

（二）改进优化节能机械设计

机械制造及自动化运行过程中，应做好机械设计工作，如选择公害较低的发动机、对液压系统做改良设计等。由于发动机属于整个工程项目运行过程中必须使用的部件之一，其质量的好坏对于工程建设质量会造成非常大的影响，应用节能环保型发动机，可大大减少对环境的影响，同时还能做好低耗减排，而且能够大大提升机械运行动力的同时，还能进一步缓解机械对于周边环境所造成的污染方面的压力。然而，液压系统对于机械运行会产生较大影响，确保液压系统处于高效的运行状态，可确保系统清洁。在机械设计阶段，工作人员应仔细选择油料，同时需设计人员在设计整个液压系统的过程中，将油液内的微尘、磨损物、垃圾杂质等完全清除。而且，确保液压系统清洁，能够大大降低整个液压系统发生故障的概率，以延长机械设备的使用期限，同时降低相关配件更新的速度。

（三）以节能型材料展开设计

第一，在制造机械设备零部件时，可以用环保型塑料质地的材料或不会对环境造成污染的材料代替原来的金属材料，进而使相关零件实现循环利用，提高资源利用率，并且能减少对环境的污染。

第二，设计机械产品时，设计人员应综合考虑相关材料、产品重量、使用期限、能源损耗等方面，比较理想的产品主要有消耗低、重量轻且使用周期长。这是由于若产品使用周期较长，则很多机械产品报废概率就会大大降低。这就使得在降低产品能源消耗的同时，还能提升环保效率，并且在减轻整个产品重量的过

程中，也可降低对能源的消耗。

第三，除了考虑上述两个因素，还要综合考虑机械产品的零件在报废之后对于环境的污染程度，而在产品设计阶段，零部件报废后如何处理污染问题经常会被忽略。因此，须以一些低负荷、环保效果好且成本较低的材料进行设计，尽可能地避免应用树脂、含氯橡胶、石棉等材料。

三、化工机械制造自动化技术应用与发展趋势

（一）化工机械制造自动化技术应用分类

目前，化工机械制造自动化技术应用较为广泛。具体分析主要包括以下四个方面。

一是化工机械制造自动化技术应用于自动化制造工厂建设中。对于自动化制造工厂而言，其借助化工机械制造自动化技术，实现了生产、管理、物流运输等一系列自动化流程，有效地提升了企业生产效率和降低了产品生产成本。

二是化工机械制造自动化技术应用于自动化制造单元形成。对于自动化制造单元而言，特别是低成本和小型化产品，其生产设备运用机械制造自动化技术呈现出更加灵活的特点。

三是化工机械制造自动化技术应用于自动化制造线的建设与完善中。自动化制造线由单一的或者批量小品种自动化线组成，多运用于生产线在物料的自动化搬运系统中，生产效率较高。

四是化工机械制造自动化技术应用于自动化制造系统设计之中。在自动化的制造系统方面主要由四台以上的人工中心、全自动数控设备等构成。

（二）化工机械制造自动化技术应用事项

对于化工机械制造自动化技术应用而言，其与普通的机械制造自动化技术应用有所不同，在应用过程中应注意一些事项。具体如下。

首先，在化工机械制造自动化技术发展阶段应严格关注基础配套的建设，特别是电子计算机技术、零件检测、电子学以及设备装料自动化技术等。一方面，应加强化工机械制造生产控制系列中计算机主机的发展与应用，确保其基础性工作的有序开展；另一方面，大力发展自动化元件和控制系统，将化工机械制造自动化技术涉及的领域逐步扩大，如向着微处理机、电子计算机、新型工具与可编程控制器等领域发展。此外，对自动化水平较高、生产性能优质的机电产品展开

多角度分析，是将化工机械制造自动化技术应用合理发展的核心因素。

其次，在化工机械制造自动化技术发展优选指标中，低成本因素应着重考虑。对于国外较为成熟的自动化技术而言，既可以大批量生产，又具有结构稳定、产品单一等特点，这是低成本的主要原因。在开展化工机械制造自动化技术发展过程中，应着重发展那些经济效果好及效率较高的生产模式。同时，针对部分专用的设备自动线及其组合来说，大力发展低成本生产管理也尤为重要。此外，由于经济效益作为企业发展的重要影响因素之一，在对化工机械进行批量生产过程中，有必要使用复合制造单元、短自动线或者成组工段，以这样的方式实现成组自动化。

最后，实用性能也是化工机械制造自动化技术应用过程中不可忽略的一个重要方面。对于企业而言，如何使化工机械制造自动化技术更加具有实用性，已成为一个着重考虑的问题。在应用化工机械制造自动化方面，有必要将企业技术发展和生产需求，以及相应的实际条件放在首位，作为最终的目标加以重视。同时，化工机械制造自动化技术的发展与进步必须充分结合企业实际发展需求，与实践相结合，以确保其实用性功能发挥作用。

（三）化工机械制造自动化技术发展趋势

对于机械制造技术而言，其本身具有系统性、综合性、世界性以及与市场密切联系等特点，而对于化工机械制造自动化技术表现尤为突出。自动化技术不仅提高了生产过程的安全性和有效性，还提高了产品的质量，降低了原材料和能源的损耗，大大地降低了机械制造的成本投入，对提高机械制造的自动化和智能化起到了积极的推动作用。

面对化工行业快速发展现状，化工机械制造领域规模日益扩大，化工机械制造自动化技术发展趋势表现为以下三个方面：

一是化工机械制造自动化技术逐步转向以实际生产为基础的发展模式。对于化工机械制造企业来说，其生存和发展的根本动力以实现经济效益为主，而科技创新能力则是实现这一目标的核心驱动。因此，化工机械制造自动化技术应充分结合制造企业自身发展特点，通过提高生产效率，降低生产成本，推动企业持续、健康、稳定发展。

二是化工机械制造自动化技术发展过程中突出其自动化技术的优越性。随着科学技术水平的不断提高，机械制造业逐步由机械化发展趋势转向自动化、智能化趋势方向，这也是衡量一个国家制造水平高低的重要标志。因此，充分发挥自动化技术优势，已成为化工机械制造业未来发展的重要趋势。

三是化工机械制造自动化技术发展在坚持以人为本的基础上，逐步呈现智能化和虚拟化的发展趋势。以人为本发展理念主要体现在实现无人生产和少人管理，而智能化和虚拟化发展则突出人机互动交流与计算机仿真模拟分析技术的发展。

四、3D打印技术在机械制造自动化中的应用

（一）机械制造相关学科的教学

我国作为一个机械制造大国，不仅有十分雄厚的机械制造基础，也有非常庞大的机械制造的从业者和专业领域的学习和探索者。目前，在机械制造专业的教学中，采取的比较现代化的教学方法就是多媒体与互联网的教学模式，但这仅仅是局限于理论教学。对于一些比较复杂的精密机械设备和零部件，仅仅有虚拟的图片和视频很难对学生进行详细的讲解。3D打印技术可以按照实物图，精确、方便地打印出各种机械模型。这种机械模型可以作为教师的教具，使学生能够更加直观地观看，便于对知识的理解。但是这种辅助教学目前还没有进行大范围的推广和应用，主要受两方面的制约：一方面，机械专业教师对一些三维建模软件比较熟悉，能够有效地通过相关的软件进行三维实体图的制作和标注，并且通过3D打印机制作成实体模型。另一方面，受应用范围的限制，应用于教学的3D打印机并不能够用于量产，即使是教学模型，也没有多大的市场空间。因此，3D打印技术的教学辅助应用，还需要相关人员继续进行探索。

（二）机械制造的科学研究

机械制造的科研工作是提高生产力的主要内容，加强工业科学研究，也是我国科学工作者的重要使命。3D打印技术作为一项重要的科技成果，首先应广泛应用于科学研究中。在科研工作中，可以暂时忽略经济成本的问题，使3D打印技术能够在科研界得到更广泛的应用。在机械制造的科研工作中，3D打印技术的引入，可以有效地缩短建模过程，使得研发工作能够最大限度地节省时间。通过对实物模型的打印，科研工作者能够有效地把握工作进度，提高科研产品市场化推广的工作效率。

（三）复杂设备的修复

随着机械制造技术的发展，工业设备也日趋复杂。机械设备复杂的零部件关

系着整个设备的正常运转，而且有些零件一旦损坏很难进行维修。相关研究者利用 3D 打印技术完成了激光成型修复技术的创新。3D 激光成型修复技术就是对修复技术中成型部分的优化，使得修复技术更加先进，同时这一技术也融合了三维成型与表面强化技术，在修复过程中，不用只是单纯使用一种材料。可以说，3D 成型修复技术在一定程度上提升了机械设备的维修效率，使得机械设备能够更加有效地运转，提高了工业生产的效率。由于目前机械设备种类较多，运行也比较复杂，市场上还没有特定的设备零件的 3D 成型修复技术。因此，目前正处在设备研发阶段的 3D 激光成型修复技术进入实际应用还需要一定的时间。

（四）机械模型的快速制造

一般的机械设备尺寸都较大，运输成本较高，也容易造成设备的损坏。在产品的交流展示过程中，若是采用机械模型，则既能够有效地展示机械设备产品的特点，也能够降低设备的运输成本。3D 打印技术在进入市场推广之前，最有经济价值的体现就是机械模型的制作，也是最容易实现的。3D 打印技术在机械模式的构建中，既能够把复杂、庞大的机械缩小来进行运输和展示，也能够把结构精密、尺寸较小的复杂零件放大来供人们观察和学习。

综上所述，3D 打印技术从诞生之初至今，已经在机械制造领域有了很大的发展。同时，3D 打印技术在机械领域的市场前景也非常广阔。从目前的 3D 打印技术能够实现的效果来看，在机械教学、模型建造和行业科学研究中都会有广泛的应用前景。但是也应该注意到 3D 技术存在的局限性，认真分析 3D 打印技术的利弊，避免盲目跟风，浪费国家或者企业的财力、物力，使 3D 打印技术能够合理、科学地服务于机械领域。

五、CAD 在机械设计中的应用及机械制造技术的新发展

（一）CAD 技术在机械制造中的应用

CAD 技术在机械制造中具有很强的应用价值，能够有效提高机械制造的质量，同时还能更方便地进行修改和装配。在机械制造过程中，可以采用 CAD 技术优化机械产品的设计模式，使机械设计工作更加先进，从而提高机械制造的质量。目前很多企业都使用 CAD 技术、数控技术和一些集成性的技术来对机械构件进行加工和制造，能够保证机械制造的一致性。在机械制造的设计阶段，使用 CAD 技术还能够针对机械产品的实际规格进行准确描述，并且实现描述的连续

性，由于其对机械产品的描述更加细致，因此在实际的生产和制造的过程中对于细节就能够更好地把握，对于提升机械产品的质量非常关键。

另外，将 CAD 技术运用到机械产品的制造过程中，还能够使机械构件的修改和装配更方便，对于机械产品的构件，可以采用三维 CAD 技术进行设计，并且对于不同装配条件可以进行有针对性的设计，使机械设计更加便捷和准确。另外，对于相邻的构件，还可以针对部位和形状进行一定的改变，就能够设计出新的构件，省去了大量的工作内容和时间，可以提高设计的效率，不同部件之间也更匹配，这样就能够有效避免机械部件的安装问题，提高部件的安装成功率。在 CAD 系统中安装一个查找系统，当完成了一个机械产品的设计之后，查找系统可以显示出所有的指令，直观地展示产品设计的全过程，对于修改非常便捷。

（二）新的发展趋向

其一，三维 CAD 系统的使用，在装配环境下，能够设计出全新的零件，还能够借助相邻零件位置与形状，对新零件加以设计，方便快捷，能够预防零件的单独设计，造成装配失败。将资源查找器内的零件回放，能够将零件造型流程借助动画演示出来。

其二，装配零件的过程直观化。在零件装配的过程中，装配路径中的查找器详细记录了零件和零件间的装配关系。当发生装配错误时，通过隐藏外部零件，能够清楚地看到内部装配结构，从而直观发现错误。在完成机器装配模型的过程中进行运动演示就能够监测装配是否符合要求，并及时更改设计。

其三，机械设计周期的缩短。CAD 技术的利用，使得机械设计周期缩短，生产效率与设计效率逐渐提升。在开发设计新机械的过程中，使用 CAD 技术，只需要对其中的某些部件加以设计，其他的零件则会直接沿用原信息，机械设计效率逐渐提升。与此同时，CAD 技术具有极强的变形设计功能，继而迅速重构，最终设计出新的机械产品。

其四，机械产品的整体技术含量逐渐提升。因为机械产品和信息技术的完美结合，采取 CAD 技术进行组织生产，使得机械产品的设计有了全新的发展趋向。而 CAD 技术采用的是先进型设计方法，包括产品虚拟设计、优化设计、有限元受力探究、运动方针等。在大中型企业的机械设计中，以完善的数控加工方式，结合 CAD 技术，对机械零件进行加工处理，更能够保证产品质量。

（三）应用新发展

随着计算机技术的逐步发展，信息技术的广泛使用及信息处理技术的智能化发展，CAD 技术逐渐朝着智能化、集成化的方向不断发展。

其一，智能化。智能化指的是在机械设计过程中，把计算机领域内的智能化技术应用结合 CAD 系统，包括机械学习、推理机制、联想启发与专家系统等。计算机硬件性能的逐渐提升，以及 CAD 技术逐渐提升，在辅助设计的同时，将智能推理、智能技术与机器学习相结合，从而保证机械设计 CAD 系统的智能化水平逐渐提升，进而拥有了应用专家经验、学习功能等。这也是机械设计中，CAD 技术应用的新发展方向。此外，智能化也是对机器行为的一种描述，更是一种控制理论，结合了混沌动力学、模糊数学、计算机科学与人工智能等诸多全新的技术思想，通过人工智能的模拟，使得机械制造技术具有自主决策能力、逻辑思维能力与判断推理能力，继而有了更高的控制目标。

其二，集成化。现阶段，CAD 技术逐渐朝着集成化的方向发展。集成化也成为机械设计的主流发展趋势之一。CAD 技术并不属于一种独立存在的技术，集合了图形学、网络、计算机硬件与外围设备等诸多领域的技术应用，并且和CAPP、MRP、PDM 与 MIS 系统等相结合。此外，随着互联网技术的逐步发展，实现了各种技术设想。在 CAM、CAD 集成化系统的基础上，机械设计与机械制造技术发展，逐渐成为今后的发展热点。此外，全球经济的一体化发展，在互联网技术的基础上，XMIL 与 3D–XMIL 能够处理好异构平台问题，3D 图形的精准度偏高，结合异地设计理念和工程制造理念等，设计新的制造系统逐渐成为机械设计及制造企业的研究热点。

六、机械自动化与绿色理念相融合的应用分析

（一）机械设计制造绿色理念

机械设计制造与自动化行业是国民生产中的基础性、支撑性行业，可行有效的机械设计对提高机器效率、提高社会生产力具有促进作用。与之并行发展的是社会中正在日益风靡的绿色理念，这为促进社会的可持续发展、工业生产的环保方向提供了理论支持。在机械设计制造发展初期，人们更多的是关注企业的利润和效率，直接忽视了保护环境，结果导致资源大量浪费，现在很多资源属于紧缺状态。机械设计和制造是一个完整的闭口加工环节，从设计师最初的设计理念到落实在加工设备中，最终形成一个合格的产品。绿色理念要渗透到每个环节中，确保每个环节资源都能够得到合理利用，不对周边的环境造成破坏。想要做到这

一步，首先要严格要求设计，确保机械设计的内部结构、尺寸与形状数据精确，只有这样才能够保证制造期间不需要进行返工。其次，绿色理念的应用能够督促设计者在设计时综合多方面因素进行考虑，减少原材料的消耗，将眼光放得更长远，不再仅仅考虑眼前的利益。

（二）机械自动化应用绿色理念的重要性

1. 增强企业的环保责任

我国作为人口大国，人均资源占有量较小，再加上初期发展时没有考虑到环保问题，现在我国的环境污染十分严重。能源消耗过度、环境破坏严重、雾霾等气候一直在影响着人们，在西北地区恶劣的气候甚至影响到人们的身心健康，所以提高环境保护，走企业绿色理念道路刻不容缓。应用绿色节能设计理念在很大程度上可以避免产品在生产时受到不必要的污染，还可以缓解我国资源紧缺的问题，可以说绿色理念对实现社会可持续发展有很大的推动作用。

2. 更好地认识废弃机械产品

随着人们物质生活的转变，机械产品越来越多，大至家用，小至我们手头上用的手机等。机械产品的使用率增加，加快了机械废弃时间的缩短。如果没有处理好废弃的机械，就容易造成环境污染，而且传统的机械废弃物很难回收，回收的费用也很高，不仅给企业增加负担，也给国家的环境整治增设难题。绿色理念的提出，能够让人们正视这一问题，有助于延长企业机械产品的使用寿命，企业也会从多方面去思考如何做好机械自动化与绿色理念的融合，减轻环境负担。这样一来，不但节约了资源，还可以减轻产品在生产过程中引起的过度浪费，既响应了环保设计理念，还符合我国的经济发展需求。

3. 从源头上做好绿色环保

设计是机械产品的源头，也是直接导致机械自动化生产污染环境的根源所在。传统的设计理念产品对环境污染十分严重，特别是不可再生资源的浪费，很多资源目前已经无法再生或者需要再经历上百年、上千年才能够形成，这对于地球而言就是一种破坏。好在我们及时意识到问题，并作出应对方案。绿色理念的提出有利于减少机械自动化的成本，提高机械废品的回收率，从根源上解决工业产品常见的问题，做好绿色环保。

4. 节能环保在机械自动化须注意的事项

机械自动化与绿色理念相结合可以从发动机、液压系统中入手。在发动机的选择上要尽可能选择低公害、低污染的发动机。发动机作为机械工程中最重要的一部分，在运作时排放的气体及噪声对环境存在很大的影响，所以必须进行多方面的比较，尽量选择低排放、低噪声、低油耗的发动机，减少发动机对环境的污染。液压系统的选择要坚持节能原则，液压系统在整个工程机械中的运行也非常重要，平时一定要做好液压系统的清洁。设计人员在进行液压系统设计时一定要从环保角度出发，做好除油液和液压元件的设计，减少液压系统中元件的磨损，延长液压系统的寿命。

机械自动化与绿色理念相融合主要是为了降低机械能源损耗，做到节能减排，逐步实现绿色环保理念，促进中国机械制造产业更好发展。在机械生产过程中一定要以科学发展、绿色节能为据点，结合国情及自身企业发展情况，推动经济的有效增长。现在可利用资源在不断减少，我们一定要为后辈留住这些宝贵的资源，为地球作出一份贡献。

第二节　快速原型制造技术及应用

一、快速原型制造技术的原理

传统的零件加工过程是先制造毛坯，然后经切削加工，从毛坯上去除多余的材料得到零件的形状和尺寸，这种方法统称为材料去除制造。

快速原型制造技术不同于传统的在型腔内成型毛坯切削加工后获得零件的方法。其是在计算机控制下，基于离散/堆积原理采用不同方法堆积材料最终完成零件的成型与制造的技术。从成型角度看，零件可视为"点"或"面"的叠加。从 CAD 电子模型中离散得到点、面的几何信息，再与成型工艺参数信息结合，控制材料有规律、精确地由点到面、再由面到体堆积零件。从制造角度看，它根据 CAD 造型生成零件三维几何信息，控制多维系统，通过激光束或其他方法将材料逐层堆积形成原型件或零件。这是一种全新的制造技术。

（一）建立产品的三维 CAD 模型

设计人员可以应用各种三维 CAD 造型系统，包括 Solidworks、Solidedge、UG、Pro/E、Ideas 等进行三维实体造型，将自己所构思的零件概念模型转换为三维 CAD 数据模型。也可通过三维坐标测量仪、激光扫描仪、核磁共振图像、实体影像等工具或方法对三维实体进行反求，获取三维数据，以此建立三维实体CAD 模型。

（二）三维模型的近似处理

三维模型的近似处理是指由三维造型系统将零件 CAD 数据模型转换成一种可被快速原型系统接受的数据文件，如 STL、IGES 等格式文件。目前，绝大多数快速原型系统采用 STL 文件，因为 STL 文件易于进行分层切片处理。STL 文件即对三维实体内外表面进行离散化所形成的三角形网格数据文件，所有 CAD 造型系统均具有对三维实体输出 STL 文件的功能。

（三）三维模型的 Z 向离散化（分层处理）

三维模型的 Z 向离散化是指将三维实体沿给定方向切成一个个二维薄片的过程。薄片的厚度可根据快速原型系统的制造精度在 0.05~0.5mm 选择。

（四）逐层堆积制造

逐层堆积制造是指根据层片的几何信息，生成层片的加工数控代码，用以控制成型机的加工运动。在计算机的控制下，根据生成的数控指令，快速原型系统中的成型头（激光扫描头或喷头）在 $X - Y$ 平面内按截面轮廓进行扫描，固化液态树脂（或切割纸、烧结粉末材料、喷射热熔材料），从而堆积出当前层片，并将当前层片与已加工好的零件部分黏合。然后成型机工作台面下降一个层厚的距离，再堆积新的一层。如此反复直至整个零件加工完毕。

（五）后处理

对完成的原型件或零件进行处理，如深度固化、去除支撑、修磨、着色等，使之达到要求。

二、快速原型制造技术的特点

（一）高度柔性

在不需要任何刀具、模具及工装卡具的情况下，可将任意复杂形状的设计方案快速转换为三维实体模型或样件。

（二）快速性

由 CAD 模型直接驱动产品制造，在很短的时间内就可以制造出零件实体，省去了传统方法中的毛坯制造、工艺规划、工装夹具设计、机械加工等一系列过程。

（三） 技术的高度集成

快速原型制造技术是计算机、数控、激光、新材料等技术的高度集成，实现了材料的提取过程与制造过程的一体化、设计（CAD）与制造（CAM）的一体化。

（四） 材料的广泛性

金属、纸张、塑料、树脂、石蜡、陶瓷、纤维等材料均能作为快速原型制造的材料。

（五） 应用领域广泛

快速原型制造技术非常适合新产品开发、小批零件制造、不规则或复杂形状零件制造、各种模具设计与制造、产品设计的外观评估和装配检验等。快速原型制造技术不仅用于制造业，还在材料科学与工程、医学、文化艺术及建筑工程等领域也有广泛应用。

三、快速原型制造技术的类型

（一） 立体平版印刷成型工艺

立体平版印刷成型工艺是世界上第一种快速原型制造技术。其基本原理为将所设计零件的三维计算机图像数据转换成一系列很薄的模型截面数据。然后在快速成型机上，用可控制的紫外线激光束按计算机切片软件所得到的每层薄片的二维图形轮廓轨迹，对液态光敏树脂进行扫描固化，形成连续的固化点，从而构成模型的一个薄截面轮廓。下一层以同样的方法制造。该工艺从零件的最底薄层截面开始，一次一层，连续进行，直至三维立体模型制成。一般每层厚度为 $0.076 \sim 0.381 \mathrm{mm}$，最后将模型从树脂液中取出，进行最终的硬化处理，再打光、电镀、喷涂或着色即可。

用立体平版印刷成型工艺快速制成的立体树脂模可代替蜡模进行结壳，型壳焙烧时去除树脂模，得到中空型壳，即可浇注出具有高尺寸精度和几何形状、表面光洁度较好的各种合金铸件。

（二）选择性烧结成型工艺

选择性烧结成型工艺是一种在一个充满氮气的惰性气体加工室中，先将一层很薄的可熔粉末沉积到圆柱形容器底部的可上下移动的板上，按 CAD 数据控制 CO_2 激光束的运动轨迹，对可熔粉末材料进行扫描熔化，并调整激光束强度使其正好能将 $0.125 \sim 0.25mm$ 的粉末加以烧结的快速原型制造技术。这样，当激光束在所给定的区域内移动时，就能将粉末烧结，从而生成模型的截面形状。每层烧结都在先制成的那层顶部进行，在制完模后，可用刷子或压缩空气去掉未烧结的粉末。

选择性烧结成型工艺所用的制模材料包括熔模铸造蜡、聚碳酸酯和尼龙。其他制模材料如高性能的热塑性塑料、陶瓷粉末及金属粉末也正在研究。选择性烧结成型用熔模铸造蜡所制的蜡模，公差为 $\pm 0.13 \sim \pm 0.25mm$，表面粗糙度 Ra 为 $3.2 \sim 6.3 \mu m$。

选择性烧结成型工艺成功地生产出了汽缸头熔模铸件（原用砂型铸造要 16 周时间，现用选择性烧结成型工艺只需 4 周时间）。该工艺很适合那些采用机械加工方法难以成型或加工的几何形状复杂的聚碳酸酯模。该工艺的发展方向是用金属粉末和陶瓷粉末来直接制造工具、模具和铸造型壳。

（三）熔丝沉积成型工艺

熔丝沉积成型工艺是新申报专利的快速原型制造技术之一。它使用一个外观非常像二维平面绘图仪的装置，只是笔头被一个挤压头代替。它挤压出一束非常细的蜡状塑料（热塑性）或熔模铸造蜡，并以逐步挤入热熔塑料丝的方法来画出和堆积由切片软件形成的每一二维切片薄层。同理，制造模型从底部开始，一层一层进行，由于热塑性树脂或蜡冷却很快，就形成了一个由二维薄层轮廓堆集并黏结成的立体模型（树脂模或蜡模）。

与其他快速原型制造工艺相比较，用熔丝沉积成型工艺制模时，其模型上的突出部分无须支承也能制出，制出的模型表面光洁，尺寸精度更高，并且消除了因层间黏结不良而形成的层间台阶毛刺缺陷和分层问题。用这种方法得到的零件的尺寸和形状精度大约可达到 $0.15mm$，如果要为熔模铸造工艺制作零件模型，可采用的材料有热塑性塑料及模蜡。

（四）分层叠纸制造成型工艺

分层叠纸制造成型工艺的基本原理是将须进行快速成型的产品的三维图形输

入计算机成型系统，用切片软件对该三维图形进行切片处理，得到沿产品高度方向上的一系列横截面轮廓线。将单面涂有热熔胶的纸卷套在纸辊上，并跨过支承辊缠绕到收纸辊上。步进电机带动收纸辊转动，使纸卷沿图 6-1 中箭头方向移动一定的距离。工作台上升，与纸接触，热压辊沿纸面自右向左滚压，加热纸背面的热熔胶，并使这一层纸与基底上的前一层纸黏合。CO_2 激光器发射的激光束经反射镜和聚焦镜等组成的光路系统到达光学切割头，激光束跟踪零件的二维横截面轮廓线数据进行切割，并将轮廓外的废纸余料切割出方形小格，以便成型过程完成后易于剥离余料。每切割完一个截面，工作台连同被切出的轮廓层自动下降至一定高度，然后步进电机再次驱动收纸辊将纸移到第二个需要切割的截面，重复工作，直至形成由一层层横截面黏叠的立体纸模型。然后剥离废纸小方块，即可得到性能似硬木或塑料的"纸质模型产品"。零件的几何模型加工完之后，不属于工件的区域就被分离出去。零件模型的表面还应根据要求用手工进行后处理。分层叠纸制造成型工艺可以用厚度在 0.05~0.5mm 的纸箔作为原材料，所得到的模型尺寸和形状精度在 ±0.25mm 的范围内。图 6-1 为分层叠纸制造成型工艺原理示意图。

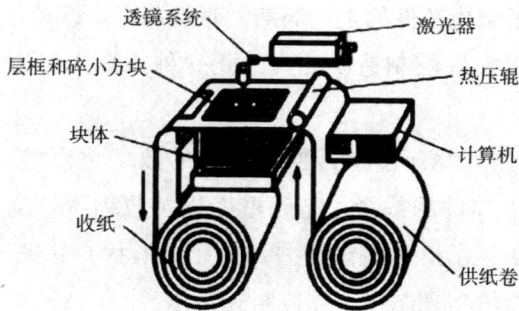

图 6-1　分层叠纸制造成型工艺原理示意图

与其他快速原型制造技术相比较，分层叠纸制造成型工艺具有下列优点：

一是无须用激光束扫描所制模型的整个二维横截面，只要沿其横截面的内外周边轮廓线进行切割即可，故在短时间内（几小时、几十小时）就能制出形状复杂的零件模型。

二是成型件的力学性能较高。分层叠纸制造成型工艺的制模材料涂有热熔胶和特殊添加物，使其成型件硬如胶木，有较好的力学性能，表面光滑，能承受 100~200℃ 的高温。必要时可再对成型件进行机械加工。

三是成型件尺寸大，分层叠纸制造成型工艺是最适合制造大尺寸模型的快速原型制造工艺,如发动机、汽缸体等中大型精密铸件。目前已制出的最大成型件尺寸为 1200mm×750mm×550mm。

鉴于上述优点,分层叠纸制造成型工艺已得到迅速发展。

(五) 光面固化成型工艺

光面固化成型工艺的基本原理是先在制造平台上撒一层液体感光树脂材料,然后利用类似复印机的静电过程在制造平台上方的透明玻璃板上打印出具有模型第一层形状的遮光膜。用紫外光源照射遮光膜,光线只能穿过透明部分而选择固化这一层。接着,用真空吸除余下的液体树脂,将这部分涂上蜡以支撑模型,这一层制好后,下降平台再制造第二层直至模型制成。模型制成后,要放入溶剂池中除蜡。该技术的特点是制造速度快,制品尺寸大,并可同时制造多件制品。

(六) 直接制壳生产铸件工艺

直接制壳生产铸件工艺与迄今所描述的制壳工艺有本质上的不同,它允许在计算机屏幕上进行零件设计直到浇注铸造模拟。它直接利用 CAD 数据自动制造陶瓷型壳,而无需模具和压型,使熔模铸造省去了制压型、压蜡模及涂料等繁杂的工序,大大缩短了熔模铸件的生产周期。直接制壳生产铸件将铸造和计算机数控的优点综合于金属零件的制造工艺中,是一种很有生命力的快速原型制造新工艺。

工艺将所制零件的 CAD 模型转换为型壳的数字化模型,并显示在屏幕上。当确定好每个型壳上零件的数量、型壳壁厚以及收缩率、浇注系统等铸造参数后,计算机就能很快显示出所制铸件型壳的几何形状,并进行铸造工艺的模拟。然后将有关数据传输给型壳制造,并控制其工作。

型壳制造包括一个用来盛铝矾土陶瓷粉末的料箱。计算机根据型壳制造的数据,精确控制料箱的上下移动和印刷头的运动轨迹。印刷头以光栅形式运动。当印刷头从料箱中的耐火材料粉末表面掠过时,按计算机的指令会"喷"出黏结剂。有黏结剂区域内的耐火材料粉末黏结在一起,形成型壳的一个截面,然后喷头再喷出一层粉末,这样从底部开始,一层一层进行,最后就制成了具有整体芯的型壳。未被黏结的耐火材料粉末可以对以后的黏结层起支撑作用。型壳经焙烧,回收未黏结的粉末,就可以浇注金属液了。

四、快速原型制造技术的应用

（一）快速原型制造技术在模具制造中的应用

传统的模具制造工艺集合了机械加工、电加工、数控加工等多种高超的制造工艺，并生产出了很多精度高且寿命长的优质模具，它们被广泛应用于制造金属、陶瓷、玻璃等产品，大大促进了制造业的发展。然而，这样的模具制造工艺加工时间长，资金消耗高，与新产品的制作、小批量生产是不适应的，同时如今市场竞争非常激烈，产品更新换代非常快，传统的模具生产方式很难满足制造业的需求。此时，可以满足需求的、经济且快速的模具生产技术应运而生。该技术凝聚了陶瓷型精铸、硅胶翻模、电铸、电弧喷涂等多项工艺，不仅使模具制造的成本和时间得到了控制，其生产出来的模具还能满足批量生产产品的需求。然而这样生产出来的模具精度低、寿命短。随后出现的快速原型制造技术很好地解决了这些问题。以快速原型制造技术为基础的快速模具技术，从模具的制造开始计时，到最终的完成制造，总共花费的时间仅为传统方法花费时间的 1/3 左右，大大缩短了生产周期，同时还在模具质量、制造柔性等方面取得了很好的效果。

在模具制造方面，快速原型制造技术可分为两种制模方法：一是间接快速制模，二是快速系统直接快速制模。所制作的模具主要是铸造类、注塑类及冲压类模具。通过中间软模过渡法、精密铸造法和电火花加工、金属喷涂等技术与快速原型制造的结合，就能很快将金属模具制造完成。

直接快速制模技术在制造环节上是比较简单的，可以将快速原型制造技术的优点淋漓尽致地发挥出来，尤其是在制造一些形状复杂的内流道冷却模具时，采用直接快速制模技术是非常合适的。然而，利用该技术制造出来的模具在精度及性能上可能存在一些问题，比较难把控，成本会有所提升，模具的尺寸也会被限制。间接快速制模技术则是在快速原型制造技术的基础上结合了以往的模具翻制技术，传统的翻制技术现在已经很成熟了，可按照不同的应用要求采用不同成本和不同复杂度的工艺。这样不仅可以使模具表面的质量、寿命、力学性能得到很好的控制，还能实现一定的经济效益。因此，如今间接快速制模技术在工业上的使用是较广泛的。

1. 间接快速制模技术

间接快速制模技术是将快速原型制造技术与传统的成型技术有效地结合，实现模具的快速制造。

间接快速制模技术通常以非金属型材料为主（纸、ABS 工程塑料、蜡、尼龙、树脂等）。通常情况下，非金属成型无法直接作为模具使用，需要以快速原型为母模，通过各种工艺转换来制造金属模具。而间接快速制模技术一般可使模具制造成本和周期下降一半，明显提高了生产效率。

间接制造的特点是将快速原型制造技术与传统成型技术相结合，充分利用了各自的技术优势。间接制造已成为应用研究的热点。依据零件生产批量的大小、模具材料和生产成本划分，间接制模工艺可分为下列几种：

①硅胶模。适用于单件或数十件以下的小批量零件的制造，硅胶模的寿命一般为 10~80 年。将表面光整处理后的快速原型或其他产品原型置入成型用的框内，注入硅胶，等其固化后从原型分离出来得到模具。其优点是成本低、周期短、形状限制小、复制精度高，具有良好的柔性和弹性，能够浇注出结构复杂、花纹精细、无拔模斜度或倒拔模斜度及具有深凹槽的塑料件。由于快速原型表面易精加工，从而可获得表面质量较好的模具。此外，硅胶模脱模较容易，适于制作复杂形状的塑料模、陶瓷模，以及其他 IRT 的形状过渡用模。若采用高质量的硅胶，尺寸精度可控制在 0.1% 以内。缺点是可供成型的树脂种类有限。

②金属基环氧树脂模。环氧树脂模具以环氧树脂为模具基材，制作工艺与硅胶模具类似，以表面经过精加工的熔丝沉积成型或快速原型为母模，然后充填环氧树脂基材料，脱模得到环氧树脂模。环氧树脂模具与传统注塑模具相比，成本只有它的几分之一，生产周期也大大缩短了。其模具寿命不及钢模，但比硅胶模长，模具制造件数在 1000~5000，可满足中小批量生产的需要。

③金属冷喷涂模。以成型为母模，将低熔点金属充分雾化后以一定的速度喷射到样模表面，形成一层金属壳层，即模具型腔表面，其厚度可达 2mm，甚至更厚，然后将铝颗粒与树脂混合材料作为起支撑作用的背衬物，将壳与成型分离，得到精密的金属模具。其特点是工艺简单、周期短、模具尺寸精度高、成本低。

④陶瓷型精密铸造法。以快速原型为母模，用特制的陶瓷浆料浇注成陶瓷铸型，制成模具，具体可分为以下几种：

一是化学黏接陶瓷浇注型腔。用快速原型系统制作纸质母模的成型，浇注硅橡胶、环氧树脂、聚氨酯等软材料，构成软模，移去母模，在软模中浇注化学黏接陶瓷，在 205℃ 下固化化学黏接陶瓷型腔并抛光型腔表面，加入浇注系统和冷却系统后便制得小批量生产用注塑模。

二是用陶瓷或石膏模浇注钢或铁型腔。与上述方法相似，首先用快速原型系统制作纸质母模成型，浇注硅橡胶、环氧树脂、聚氨酯等软材料，构成软模，再移去母模，在软模中浇注陶瓷或石膏模，用于浇注钢或铁型腔。其次，以聚氨酯为材料，用选择性烧结成型快速制出母型，并在母体表面制出陶瓷壳型，焙烧后用铝或工具钢在壳内进行铸造，即得到模具的型芯和型腔。此方法制作周期不超过 4 周，制造的模具寿命较长，可生产 250000 个塑料制品。

2. 直接快速制模技术

对于单件、小批量生产，模具的成本占有很大的比重，而修模占成本近的比重，因此单件、小批量生产的成本较高。较好的解决方法就是采用快速原型直接制造模具，可在几天之内完成非常复杂的零件模具的制造，而且越复杂越能显示其优越性。

直接快速制模技术是指利用快速原型制造技术直接制造出最终的零件或模具，然后对其进行一些必要的后处理，即可达到所要求的力学性能、尺寸精度和表面质量。其具有独特的优点，如制造环节简单，能够较充分地发挥快速原型制造技术的优势，快速完成产品制造。但它在模具精度和性能控制等方面具有缺陷，特殊的后处理设备与工艺使制造成本提高，成型尺寸也受到较大的限制。

①基于分层叠纸制造成型工艺的金属板材堆积成型工艺。以分层叠纸制造成型工艺为基础，直接金属片材为材料，通过激光切割、焊接或黏结剂黏接金属片材成型金属零件。比如日本使用 0.2mm 厚的钢板，板材两面涂敷低熔点合金，通过焊接成型金属零件。美国 CAM-LEM 公司采用分层叠纸制造成型原理开发了可制造金属和陶瓷零件的工艺，称为 CAM-LEM。用黏结剂黏接陶瓷或金属薄膜，用激光切割轮廓和分割块，采用自适应分层方法（在垂直处加大分层厚度）。完成的半成品还要在炉子中烧结，使其达到理论密度的 99%，机械强度高。

②基于选择性烧结成型工艺的金属粉末堆积成型工艺。该类工艺主要是采用激光烧结或黏结剂黏接金属粉末成型，典型代表是选择性烧结成型工艺。它又分为间接和直接选择性烧结成型两种。间接选择性烧结成型工艺采用激光逐点烧结粉末材料，使包覆于粉末外的固体黏结剂熔融，实现材料的连接，须经浸渗处理方可用于模具。而直接选择性烧结成型工艺采用激光逐点烧结粉末材料，使粉末材料熔融实现材料的连接，制品可直接用于模具。

③基于熔丝沉积成型工艺的金属丝材熔融堆积工艺。美国 Stratasys 公司开发出能用熔丝沉积的金属材料，首先将金属粉与黏结剂掺匀；其次，挤压成具有足

够弯曲强度和黏着度的金属丝材料，以供熔丝沉积成型设备成型使用。已用熔丝沉积成型方法成型成功的材料有不锈钢、钨及碳化钨。

（二）快速原型制造技术在新产品研发中的应用

通常来说，产品在市场当中的投放周期是多个环节所用的时间组合在一起的时间，如设计、实验的时间，征求用户意见的时间，修改定型的时间，生产的时间，市场营销的时间等。有了快速原型制造技术后，可以从设计产品的环节开始计算时间，设计者、制造方、推销人员等都可以及时拿到真实的样品，甚至可以拿到小批量生产的产品。这样一来，就有了充分测试、评价、修改的时间，同时还可以对制造的过程和制造过程中使用的模具、工具的设计加以核验，从而使失误和返工的情况大大减少，最后以最低的成本、最快的速度、最好的质量进入市场。在新产品研发中，快速原型制造技术的应用主要体现在以下三个方面：

1. 设计模型可视化及设计评价

目前设计现代化产品的技术越来越先进，使用 CAD 软件可以使产品设计更加直观且快速。然而，因为硬件、软件具备一定的局限性，所以设计者依然不能对设计出来的产品效果、结构的合理性和生产工艺的可行性给出直观的评估。但是对于设计者而言，他们对于设计的完善与修改最终重视的是设计模型可视化。我们可以打一个非常形象的比方：快速原型制造系统就像是三维打印机，它可以快速且精准地"打印"出 CAD 模型，供设计者、评审进行评估，这会使产品的设计及决策的可靠性得到很大的提高。

在新产品设计中，利用快速原型制造技术制作产品样件，一般只要传统样件制作工时的 $30\% \sim 50\%$ 和成本的 $20\% \sim 35\%$，而其精确性却是传统方法无法媲美的。利用快速原型制造技术制作出来的产品样件是产品从设计到商品化各个环节中进行交流的有效手段，可用于新产品展示、市场调研、市场宣传和供货询价。

2. 装配校核

进行装配校核和干涉检查，尤其是在有限空间内的复杂、昂贵系统（如卫星、导弹）的可制造性和可装配性检验，对新产品研发尤为重要。如果一个产品的零件多且复杂，就需要进行总体装配校核。在投产之前，先用快速原型制造技术制作出全部零件原型，再进行试安装，验证设计的合理性以及安装工艺与装配要求；若发现有缺陷，便可以迅速、方便地进行纠正，使所有问题在投产之前得到解决。

3. 功能验证

快速原型制造技术不仅能够开展设计评价、装配校核，还能够直接参与性能及功能的相关试验研究，如机构运动分析、流动分析、应力分析、流体和空气动力学分析等。运用快速原型制造技术可以很快地根据设计制造出模型，然后开展试验测试。一些复杂的空间曲面可以更好地展现快速原型制造技术的优点。比如通过确定风鼓、风扇等设计的功能及性能的参数，能够获得噪声最低的结构，获得功能性最强的扇叶曲面。如果用传统的方法制造原型，那么这种测试与比较几乎是不可能的。

（三）　快速原型制造技术在汽车制造中的应用

快速原型制造技术是 3D 打印技术在汽车制造领域最先应用的一项工艺方法。3D 打印技术几乎可以参与所有汽车零部件的制造，包括汽车的内饰、轮胎、前中网、发动机内腔、汽缸盖、空气管道等。通过在实车上安装 3D 打印机，打印零件原型，汽车研发部门可以快速发现问题并及时给出解决方案，进一步提高设计的可靠性。

1. 快速原型制造技术在复杂零件设计制造中的应用

快速原型制造技术的成型速度非常快，使以往设计与制造汽车零件的方法被彻底颠覆。传统的制造方法不仅设计周期很长，还会消耗大量的人力。如今，技术员通过计算机能够在短期内设计出零件的模型，然后再通过快速原型制造技术利用模型直接制造出零件。随着快速原型制造技术的进步，可用于制造零件的材料也越来越多，在研发新产品的初始阶段，有多种具有各种性能的材料可供设计者选择，设计者通过对各种材料的优劣比较，选择出性能最好的材料用于产品的设计，从而制造出性能更好的零件。除此之外，通过机械加工方法来制造一些复杂的曲面零件是非常不容易的，如汽车壳体的制造，但是有了快速原型制造技术之后，这样的零件制造就变得容易多了。在新产品的研发中，快速原型制造技术也发挥了巨大的作用，使用快速原型制造技术不仅使生产汽车零件的速度更快了，还节约了新产品测试的时间，使研发新产品的资金投入得到了控制。

2. 快速原型制造技术在轻量化零件制造中的应用

在提出绿色发展理念以后，汽车制造业等都纷纷响应号召。对于汽车制造行业而言，要想降低能源消耗、减少污染物的排放，首先就要减轻汽车质量，而要想减轻汽车质量，就要从汽车零件上下功夫。那么，怎样才能在保证性能稳定的前提下减轻汽车的质量呢？这对于传统的制造业而言是一个巨大的挑战，而有了快速原型制造技术之后，这一问题就得到了有效解决。通过快速原型制造技术，可以在保证力学性能的基础上制造出减轻汽车质量的轻量化零件。

3. 快速原型制造技术在汽车造型零件中的应用

汽车的外形与内饰往往会对消费者的购买决策产生巨大的影响，通过快速原型制造技术，汽车将会拥有更加时尚的外形及更具美感的内饰风格。造型零件的作用主要是提升视觉感受。比如一般在材料上会采用透明树脂，通过立体光固化成型技术打印车灯模型，然后经过打磨加工，汽车的灯具就会非常透亮且逼真。

第三节　成组技术与 CAPP 及应用

一、成组技术

在机械制造业中，通常中批量生产和小批量生产所占的比重都是比较大的。随着市场竞争日益激烈，科学技术的不断发展，产品更新换代的速度更快了，因此呈现出产品批量小、品种多的特点。以往的小批量生产方式有以下不足之处：组织管理复杂，生产过程难以把控；零件生产时间较长；生产前要进行大量的准备工作；先进生产技术的使用受到了制约。为了解决这些问题，成组技术这一新的生产技术出现了。

（一）成组技术的基本原理

对于不同的机械产品而言，虽然它们在结构、功能等很多方面都存在不同之处，但是通过调查发现，产品的基本零件大约有 70% 都是相似的，如轴、齿轮等。在这些相近的零件当中，同一种零件在形状、尺寸、构造等方面的相近，势必会使其工艺也具有一定的相似之处。

成组技术是一项综合类的技术，它涉及多种学科，以相似性准则为理论基础。在机械制造领域中，成组技术的应用是成组工艺。成组工艺可以将形状、尺寸及工艺相近的零件组合在一起构成一个零件组，然后根据零件组的工艺要求，为其配备合适的设备，利用合适的布置形式进行组成加工，以扩大批量，使多品种、小批量生产也能获得近似于大批量生产的效果。成组技术已广泛应用于设计、制造和管理等各个方面。

零件在几何形状、尺寸、功能要素、精度、材料等方面的相似性为基本相似性。以基本相似性为基础，在制造、装配、生产、经营、管理等方面所导出的相似性称为二次相似性。因此，二次相似性是基本相似性的发展，具有重要的理论意义和实用价值。成组技术与数控加工技术组合，大大推动了中小批量生产的自动化进程。

成组技术成为进一步发展计算机辅助设计（CAD）、计算机辅助工艺规程编制、计算机辅助制造（CAM）和柔性制造系统（FMS）等的重要基础。在实施成组工艺时，首先要把产品零件按零件分类编码系统进行分类成组，然后制定零件的成组加工工艺方案，设计工艺装备，建造成组加工生产线及有关辅助装置。

（二）零件分类编码系统

零件分类编码系统是用符号，包括数字或字母等对回转体的相关特征的对应描述。之所以称为系统，是因为零件的描述和标志有着相应的准则和依据。零件分类编码系统是成组技术原理的基础，而且是在计算机的基础上对回转体零件进行分类的前提。

分类标志是回转体零件找到对应编码的根据，它所代表的是众多零件集中所代表的属性及特征。码位是编码系统的关键组成部分，又称横向分类标志，对于码位的设计要掌握好先后顺序及信息利用率。例如可先安排与设计检索相关的信息，然后安排与工艺有关的信息，码位之间的结构包括树式结构、链式结构和混合式结构。纵向分类标志可以称作特征位，特征位按复杂度由简到繁、由一般到特殊的原则进行排列。

目前，国内外的分类编码系统很多，常用的有德国的奥匹兹零件分类编码系统和我国制定的机械工业成组技术零件分类编码系统（JLBM-1）。

JLBM-1 是由我国机械工业部组织制定并批准实施的分类编码系统。它是我国机械工厂实施成组技术的一项指导性技术文件。它由 15 个码位组成。该系统Ⅰ、Ⅱ码位表示零件名称类别，它以零件的功能和名称为标志，以矩阵表的形式表示出来，不但容量大，而且便于设计部门检索。但由于零件的名称不规范，可能会造成混乱，因此在分类前必须先对企业的所有零件名称进行统一，并使其标准化。Ⅲ~Ⅸ码位是形状及加工码，分别表示回转体零件和非回转体零件的外部形状、内部形状、平面、孔及其加工的种类。Ⅹ~ⅩⅤ码位是辅助码，分别表示零件的材料、毛坯原始形状、热处理、主要尺寸和精度的特征。尺寸码规定了大型、中型和小型三个尺寸组，分别供仪表机械、一般通用机械和重型机械三种类型的企业参照使用。精度码规定了低精度、中等精度、高精度和超高精度 4 个等级。在中等精度和高精度两个等级中，再按有精度要求的不同加工表面细分为几个类型，以不同的特征码来表示。

（三）成组工艺过程设计

成组工艺过程设计是为一组零件设计的，因此该工艺过程就具有高质量和高覆盖性。目前常用的成组工艺过程设计方法有以下两种：

1. 复合零件法

该方法为利用一种所谓的复合零件设计成组工艺过程的方法。复合零件既可以是一个零件族中实际存在的某个具体零件，也可以是一个实际上并不存在的假想零件。无论它是实有的代表零件，还是虚拟的假想零件，作为复合零件都必须拥有同组零件的全部待加工表面要素。同一组内其他零件所具有的待加工表面要素都比复合零件的少，所以按复合零件设计的成组工艺过程，能加工零件组内所有的零件。只需要从成组工艺中删除某一零件不需要的工序或工步内容，便形成该零件的加工工艺。复合零件法一般适用于回转体零件，而对非回转体零件来说，因其形状极不规则，复合零件很难产生，常采用复合工艺路线法。

2. 复合工艺路线法

在零件分类成组的基础上，把同组零件的工艺过程卡片收集在一起。然后从中先选出组内最复杂，即最长的工艺路线，将其作为代表，再将此代表路线与组内其他零件的工艺路线相比较，将其他零件有的而此代表路线没有的工序一一添入。这样便可最终得出能满足全组零件要求的工艺路线。

（四）成组生产的组织形式

1. 单机成组生产单元

单机成组生产单元是指把一些工序相同或相似的零件族集中在一台机床上进行加工。它的特点是从毛坯到成品多数可以在同一类型的设备上完成，也可仅完成其中几道工序，例如在转塔车床、自动车床上加工中小零件。

2. 多机成组生产单元

多机成组生产单元指一组或几组工艺上相似的零件的工艺过程由相应的一组机床完成。该组织形式与传统机群式排列相比，缩短了工序间的运输距离，从而减少了在制品库存量，缩短了生产周期，提高了设备利用率，加工质量稳定，效率较高。因此，多机成组生产单元被各企业广泛采用。

3. 流水成组生产单元

流水成组生产单元是成组技术的较高级组织形式。它与一般流水线的主要区别在于生产线上流动的不是一种零件，而是多种相似零件。在流水线上各工序的节拍基本一致，因此它的工艺适应性比较强。

二、CAPP

计算机辅助工艺规程设计（CAPP）就是在成组技术的基础上，通过向计算机输入被加工零件的几何信息和加工工艺信息，由计算机自动地输出零件的工艺路线和工序内容等工艺文件的过程。有些比较完善的 CAPP 系统还能进行动态仿真，在加工过程中进行模拟显示，以便检查工艺规程的正确性。

CAPP 可以使工艺人员避免冗长资料查阅、数值计算、表格填写等繁重重复的工作，大幅提高工艺人员的工作效率，提高生产工艺水平和产品质量。它还可以考虑多方面的因素，进而进行设计优化，以高效率、低成本、合格的质量和规定的标准化程度来拟订一个最佳的制造方案，从而把产品的设计信息转为制造信息。它是计算机辅助制造的重要环节，也是连接 CAD 和 CAM 的纽带。因此在现代机械制造业中 CAD、CAPP、CAM 相结合构成了计算机集成制造系统的重要组成部分。

CAPP 系统一般由若干程序模块组成，包括输入输出模块、工艺过程设计模块、工序决策模块、工步决策模块、NC 指令生成模块，以及控制模块、动态仿真模块等。它们因系统的规模大小和完善程度不同而存在一定的差异。

根据 CAPP 系统的工作原理，可以将它分成五种类型。

（一）派生型

它是建立在成组技术基础上的 CAPP 系统，即利用成组技术的原理将零件分类成组，设计成组典型工艺，并将其存入计算机数据库中。设计一个新的零件工艺规程时只需要输入零件的有关信息，计算机对零件进行编码（或直接输入零件代码），按此代码检索出相应的零件成组典型工艺，根据零件结构及工艺要求，进行适当的修改编辑，从而派生出所需要的工艺规程。这类系统针对性很强，一般只适用于特定的企业，移植不方便，但系统结构简单、开发周期短、投资少，易于在生产中取得实效。早期开发系统大多属于这一类型。

（二） 创成型

这种系统采用决策逻辑的方法开发，在系统中不存储复合工艺或典型工艺，只存储若干逻辑算法程序。创成型系统基本上排除了人的干预，保证了工艺规程的客观性和科学性，从理论上讲是一种比较理想的方法。但是由于生产环境复杂多变，系统十分庞大而复杂，开发工作量大、费用高，目前完全创成型的系统还处于研究阶段，在生产中且使用的尚不多见。派生型和创成型是最基本的 CAPP 类型。

（三） 综合型

又称半创成型。它将派生型和创成型系统结合起来使用，如工序设计用派生型，工步设计用创成型。它具有两种类型的优点，部分克服了它们的缺点，效果较好，所以应用十分广泛。我国自行设计开发的 CAPP 系统大多属于这种类型。

（四） 检索型

针对标准工艺，将设计好的零件标准工艺进行编码存储在计算机中，制定零件工艺时可根据零件的信息进行搜索，查找合适的标准工艺。

（五） 智能型

它是将人工智能技术用在 CAPP 系统中形成的 CAPP 专家系统。它与创成型系统的不同在于，创成型是以逻辑算术进行决策的，而智能型是以推理加知识的专家系统技术来解决工艺设计中经验性强的、模糊和不确定的若干问题。智能型系统更加完善和方便，是 CAPP 系统的发展方向，也是当今国内研究的热点之一。

三、基于成组技术的轴类零件加工

（一） 轴类零件的分组

工厂生产的轴类零件有阶梯轴、光轴、电机轴等品种，厂里大部分的轴类零件的直径范围为 30 ~ 70mm，长度范围为 270 ~ 350mm，表面粗糙度最大为 6.3μm，部分轴类零件，如细长轴、光轴等，由于尺寸、形状的差异太大，将不对其进行研究分析。综上所述，要进行分组的轴类零件有阶梯轴类、电机轴类、键轴类。

（二）成组工艺的制定

1. 成组工艺规程设计

零件分类成组后，就可以制定组内零件的成组工艺规程了。复合零件法和复合工艺路线法是编制成组工艺的两种方法。

2. 零件族中主样件的构造

以零件的分类为依据，对小组的所有零件从工艺上进行分析，再把零件族中的每一个零件的工艺特征都假想到一个虚拟出来的零件上面，最终得出这个零件族的主样件。这个主样件的工艺文件就是这个零件族的成组工艺。

（三）主样件的加工工艺规程

1. 轴类零件的材料、毛坯和热处理

棒料和锻件是轴类零件经常使用的毛坯。光轴、直径差距小的非重要阶梯轴应选择棒料，若对轴有较高的要求，一般将锻件作为毛坯，这样既可节约材料，又可减少机械加工的工作量。对于结构复杂、尺寸大的轴将铸件作为毛坯。轴类零件的材料应根据零件的工作环境和使用情况来具体选择，并且还要经过相应的热处理，使其获得一定的抗疲劳强度、韧性和耐磨性。

2. 加工工艺过程分析

（1）校直

在生产、输送和保存毛坯的过程中，由于其自身重力、颠簸等因素的影响，常会出现一定的变形问题。为保证零件的加工精度及使用的要求，工厂都会在毛坯切断之前，在冷态环境下完成对毛坯的校直，将变形消除。

（2）切断

用型材（圆棒料）作为毛坯时，要按所需长度切断。切断可在锯床上进行。

（3）车端面和钻中心孔

毛坯切断之后就要对两端面进行光整，以提高加工精度。中心孔是加工零件主要表面时经常使用的定位基准，为了确保中心孔在零件的中心位置，一般在光整完的端面上钻中心孔，而且在加工过程中，中心孔应始终保持干净。

（4）车削、磨削和光整

轴类零件的表面大多是圆柱表面，因此车削、磨削和光整是加工外圆表面常采用的加工方法。根据公差等级及表面粗糙度确定各表面加工方法和加工方案。

（5）零件的装夹和定位基准

第一，以工件的两中心孔定位。在轴类零件的加工过程中，轴的主要位置精度有两个：轴的各外圆表面相互之间的同轴度要求，以及各个端面与零件中心线的垂直度要求。通常，轴的中心线是这些重要表面首要选择的设计基准，并且将轴外端的两个中心孔作为定位基准，以符合机械加工中的基准重合原则。另外，中心孔作为零件加工，如车削、磨削时的定位基准，以及其他表面加工工序的准则和标准，也符合机械加工中的基准统一原则。将外端面的两中心孔作为定位基准，可以在一次定位中尽可能多地将多个外圆表面和端面一次性加工出来，从而节省时间并提高零件的加工效率。因此，对于以锻件或棒料为毛坯的实心轴而言，在粗加工之前，应先加工出顶尖孔，以后的工序都用顶尖孔定位。采用两端面的中心孔定位时，这两中心孔应先加工出来，并在加工一些有精度要求的工序时对这两中心孔进行打磨，使零件的加工达到规定的要求。比如零件经过热处理后，会有一定的变形以及表层会带有氧化层，通过对中心孔的研磨可以去除孔的变形和氧化层，通过修磨中心孔可以提高磨削时的精度，并降低加工的粗糙度。

第二，用一夹一顶的方式定位。对于一些长度较长、质量大的零件而言，中心孔的定位方式存在一些不足，如承载性能差、加工过程不稳定及选用的切削用量小等，必须将夹住轴的一端同时顶住轴的另一端的中心孔作为定位基准来加工。

（6）划分加工阶段

零件的加工顺序与零件的精度有关，当加工的轴类零件对精度有较高的要求时，零件的加工就必须严格地按先进行粗加工再进行精加工的顺序进行，确保成品能够满足设计的要求。通常，轴类零件的加工有以下几个主要阶段：首先，对零件进行粗加工，这一阶段包括粗车外圆、粗车端面和钻中心孔等。其次，在粗加工的基础上进行半精加工，如完成各外圆台阶面和其他表面的半精加工，对中心孔进行修正等；完成零件的精加工；编辑轴的工艺文件时，应考虑主要表面和次要表面，同时，次要表面可以在半精加工阶段开始时穿插到主要表面的加工中；键槽的加工有严格的同轴度和对称度要求，所以键槽的加工应有精确的定位基准，它的加工不宜放在主要表面的磨削之后进行，以免划伤已加工好的主要表面。最后，其他加工，主要工作包括完成对零件的检查，使其不要有破裂和划痕；对零件进行清洗，使零件保持干净、整洁；将零件包装入库。

（7）热处理

对于同一材料，如果使用的条件不同，那么安排的热处理也不一样。热处理可以提高零件的力学性能，使零件的切削加工性能得到改善。一般情况下，轴类零件的调质处理安排在粗加工之后和半精车之前，以消除粗加工产生的应力，获得较好的金相组织。

（四）拟定工艺过程

通过对上面的轴类零件的加工工艺分析，可以制定出花键轴组主样件的加工工艺规程：

首先，毛坯的选择，因其直径相差不大，故用校直的圆棒料在锯床上下料。

其次，划分加工阶段，由于零件对表面加工和表面质量有较高要求，仅仅通过一道工序就能满足要求是不可能的，而且也不应采用一道工序来完成，应分阶段逐渐达到应有的加工精度。此外，通过划分加工阶段，毛坯的不合格处就可以被操作人员在粗加工阶段及时发现，这时就可以按照具体情况舍弃毛坯，或者通过一些措施进行弥补来达到重新加工的要求。这样就避免了有缺陷的工件在后期检查的时候被筛选出来，避免了时间、成本和材料的浪费。

再次，工序顺序安排，工序顺序的安排应遵循以下基本原则：先加工作为零件定位基准的面，通常，车端面、钻中心孔是加工轴类零件的首要工序；先粗后精、先主后次，主要表面是具有位置精度和尺寸精度的各外圆表面，次要表面是指齿、键槽等；先加工平面后加工孔。

最后，对零件进行检验、清洗并包装入库。

第四节　超高速加工技术及应用

一、超高速切削的关键技术

（一）超高速主轴单元

超高速加工机床主轴系统在结构上几乎都采用交流变频调速电动机直接驱动的集成结构形式。集成化主轴有两种形式：一种是通过联轴器把电动机与主轴直接连接，另一种是把电动机转子和主轴做成一体的。

目前，多数超高速机床主轴采用内装式电动机主轴（以下简称电主轴）。电主轴采用无外壳电动机，将带有冷却套的电动机定子装配在主轴单元的壳体内，转子和机床主轴的旋转部件做成一体的，主轴的变速完全通过交流变频控制实现，将变频电动机和机床主轴合二为一。它取消了从主电动机到机床主轴之间的一切传动环节，把主传动链的长度缩短为零，因此我们称这种新型的驱动与传动方式为"零传动"。电主轴系统主要包括高速主轴轴承、无外壳主轴电动机及其控制模块、润滑冷却系统、主轴刀柄接口等。

电主轴主要特点如下：

一是电主轴系统取消了高精密齿轮等传动件，消除了传动误差。

二是减小了主轴的振动和噪声，提高了主轴的回转精度。电动机内置于主轴两支承之间，可以提高主轴系统的刚度，也就提高了系统的固有频率，从而提高了其临界转速。电主轴可以确保正常运行转速低于临界转速，保证高速回转时的安全。

三是电主轴采用交流变频调速和矢量控制，具有输出功率大、调速范围广和功率—转矩特性好的特点。

四是电主轴机械结构简单，转动惯量小，快速响应性好，能实现很高的速度和加速度及定角度的快速准停。超高速加工的最终目的是提高生产率，因此要求主轴在最短的时间内实现高转速的速度变化，也就是要求主轴回转时具有极大的角加速度，达到这个要求最经济的方法就是采用电主轴。

电主轴的主要参数包括主轴最高转速和恒功率范围、主轴的额定功率和最大转矩、主轴轴承直径和前后轴承跨距。

机床的粗加工和精加工都要完成，所以对于主轴的工作精度及静刚度的要求都是比较高的。超高速机床主轴单元的动态性能在很大程度上决定了机床的加工质量和切削能力。

（二）高速进给系统

超高速切削不仅要提高主轴的速度，还要提高进给速度，同时进给运动还要实现瞬时高速、瞬时准停等；否则，不仅不能将超高速切削的长处发挥出来，刀具还会处于恶劣的条件下，加工精度会受进给系统跟踪误差的影响。进给系统不仅要在速度上满足一定的要求，还要具备很快的加速度，同时定位精度也要很高。

为了实现高速进给，除了可以继续采用经过改进的滚珠丝杠副，近几年又出现了采用直线电动机驱动和基于并联机构的新型高速进给方式。从结构、性能到总体布局来看，三种方式有很大的差别，它们形成了三种截然不同的高速进给系统。

1. 滚珠丝杠副进给系统

滚珠丝杠副传动系统采用交流伺服电动机驱动，进给速度可以达到 $40 \sim 60 m/min$，定位精度可以达到 $20 \sim 25 \mu m$。相对于采用直线电动机驱动的进给系统，采用旋转电动机带动滚珠丝杠的进给方案，因为受工作台的惯性及滚珠丝杠副结构的限制，能够达到的进给速度和加速度比较小。

2. 直线电动机进给驱动系统

直线电动机驱动实现了无接触直接驱动，很好地杜绝了齿轮和齿条传动及滚珠丝杠中摩擦力、惯性和刚度等不足情况的发生，可实现高精度的高速移动，并具有极好的稳定性。

直线电动机的实质是把旋转电动机径向剖切开，然后拉直。直线电动机的转子和工作台固连，定子则安装在机床床身上，由此实现直接驱动。

3. 基于并联机构的高速进给系统

传统的机床通常都是由一些部件串联起来的，如床身、立柱、主轴箱、导轨等，形成非对称的一种布局。因此，机床结构不仅要承受住拉压载荷，还要承受住弯扭载荷。要想确保机床的刚度，就不得不使用结构笨重的运动部件及支承部件，这些部件消耗的材料、能源都是非常多的，同时对机床进给速度、加速度的提高还起到了一定的约束作用。刀具和工件之间的相对运动误差是由各坐标轴运动误差线性叠加而成的，机床结构的非对称性还导致受力和受热不均匀，这些都影响机床的加工精度。

为了弥补传统机床布局上的不足，从而满足高速加工的一些要求，一种新的机床进给机构产生了，那就是并联虚拟轴结构。带有这种机构的机床叫作并联机床。并联机床是一种新的运动机构，它能够实现高速进给，应用前景广阔。然而，并联机床在结构上具有一定的局限性，在应用过程中也暴露了一些问题。例如：实际的工作空间有限，如果是六轴并联的机床，其在运动范围上存在局限性，所以要想同时进行立卧加工是有很大难度的。并联机床还存在一个比较严重的问题，那就是加工的精度较低，这是由杆件热变形引起的，同时要想提高铰关节的制造精度是非常难的。目前，对于并联机床而言，基础且关键的问题就是研究出新的复合滚动关节部件。该部件要满足结构尺寸小、精度高、承载能力强的要求。

（三）超高速切削刀具材料和刀具系统

超高速切削要求刀具材料与被加工材料的化学亲和力要小，并且具有优异的力学性能、热稳定性、抗冲击性和耐磨性。目前，适用于超高速切削的刀具材料主要有涂层刀具、金属陶瓷刀具、陶瓷刀具、聚晶立方氮化硼刀具、聚晶金刚石刀具等。特别是聚晶金刚石刀具和聚晶立方氮化硼刀具的发展，推动超高速切削走向更广泛的应用领域。

二、超高速磨削

（一）超高速磨削的概念及特点

砂轮圆周速度超过 45m/s 为高速磨削，砂轮圆周速度超过 150m/s 称为超高速磨削。超高速磨削具有如下突出的特点和优越性：①由于磨削速度高，单位时间作用磨粒数多，特别是采用大进给量和大背吃刀量时，其材料磨除率非常高；②单位磨除断面积的磨削力和比磨削能小，工件受力变形和机床磨削功率消耗小；③单颗磨粒受力小、磨损少，使砂轮磨损很小，大幅延长了砂轮的使用寿命；④磨削表面粗糙度会随砂轮速度的提高而降低，加之工件表面温度低，受力受热变质层很薄，所以其表面加工质量有很大提高；⑤可以高效率地对硬脆材料实现延性域磨削，对高塑性和难磨材料也有良好的磨削表现。上述这些突出的特点使超高速磨削既可获得高效率加工，又能达到高精度要求，并能对各种材料和形状的零件进行加工。因此，使用超硬磨料磨具的超高速磨削加工是磨削加工的发展方向。

（二）超高速磨削的关键技术

1. 超高速磨削砂轮技术

超高速磨削砂轮不仅要耐磨，而且动平衡精度和刚度还要高。它要具备良好的抗裂性、导热性及阻尼特性，同时机械的强度还要承受得住切削力。在进行超高速磨削的过程中，由于砂轮主轴的高速回转会形成强大的离心力，普通砂轮会因承受不住这个力量而快速破碎，因此基体的砂轮一定要具备很高的机械强度，同时基体及磨粒间的黏结强度也要非常高。

超高速砂轮中间有一个基体圆盘，这是由高强度材料制作而成的，大多数的超硬磨料砂轮都会将钢或铝作为基体，在基体周围仅仅粘覆一薄层磨料。粘覆磨料使用的黏结剂有树脂、金属和电镀三种，其中单层电镀用得最多。这是因为它的黏结强度高，易于做出复杂的形状，使用中不需要修整，而且基体可以重复使用。

2. 超高速磨床主轴及其轴承技术

超高速磨床主轴单元的性能在很大程度上决定了超高速磨床所能达到的最高磨削速度，因此为实现超高速磨削，对砂轮驱动和轴承转速往往要求很高。主轴的高速化要求包括刚度足够、回转精度高、热稳定性好、可靠、功耗低、使用寿命长等。要满足这些要求，主轴的制造及动平衡、主轴的支承（轴承）、主轴系统的润滑和冷却、系统的刚度等是很重要的。为减少由于磨削速度的提高而增加的动态力，砂轮主轴及主轴电动机系统运行要极其精确，并且振动要极小。

超高速磨削的砂轮主轴转速一般在 10000r/min 以上，所传递的磨削功率通常为几十千瓦，因此要求主轴轴承的转速特征值非常高，还要求它必须具有很高的回转精度和刚度，以保证砂轮圆周上的磨粒能均匀地参加切削，并能抵御超高速回转时质量不平衡造成的振动。

主轴轴承可采用陶瓷滚动轴承、磁浮轴承、空气静压轴承或液体动静压轴承等。陶瓷滚动轴承具有质量小、热胀系数小、硬度高、耐高温、高温时尺寸稳定、耐腐蚀、使用寿命长、弹性模量高等优点。其缺点是制造难度大、成本高、对拉伸应力和缺口应力较敏感。磁浮轴承的最高表面速度可达 200m/s，可能成为未来超高速主轴轴承的一种选择。目前，磁浮轴承存在的主要问题是刚度与负荷容量低，所用磁铁与回转体的尺寸相比过大，价格昂贵。空气静压轴承具有回转精度高、没有振动、摩擦阻力小、经久耐用、可以高速回转等特点，可用于高速、轻载和超精密的场合。液体动静压轴承无负载时动力损失太大，主要用于低速重载主轴。

3. 磨削液及其供给技术

磨削表面质量、工件精度和砂轮的磨损在很大程度上受磨削热的影响。尽管人们开发了液氮冷却、喷气冷却、微量润滑和干切削等，但磨削液仍然是不可能完全被取代的冷却润滑介质。磨削液分为两大类：油基磨削液和水基磨削液（包括乳化液）。油基磨削液润滑性优于水基磨削液，但水基磨削液冷却效果好。

高速磨削时，气流屏障阻碍了磨削液有效地进入磨削区，还可能存在薄膜沸腾的影响。因此，采用恰当的注入方法，增加磨削液进入磨削区的有效部分，增强冷却和润滑效果，对于改善工件质量、减少砂轮磨损极其重要。常用的磨削液注入方法有手工供液法和浇注法、高压喷射法、空气挡板辅助截断气流法、砂轮内冷却法、利用开槽砂轮法等。在超高速条件下，为了实现对磨削区的冷却、冲走切屑，磨削液的喷注必须有足够大的动力，以冲破砂轮周围的高速气流，使磨削液抵达磨削区。故与普通磨削相比，磨削液的流量、压力均成倍增加。此外，为了保证超高速磨削的表面质量，提高磨削液的利用率，减少磨削液中残留杂质对加工质量及机床系统的不良影响，必须采用一套高效、高过滤精度的磨削液过滤系统。从喷嘴喷注在砂轮上的磨削液，会在强大离心力的作用下形成严重的油雾，所以超高速磨床还要把磨削区封闭起来，并要及时抽出油雾，然后利用离心和静电的方法进行油气分离。

具有极高磨削效率的超高速磨床，一分钟会产生几千克的磨屑。确保及时干净地把这些大量的磨屑从磨削液中过滤出来，也是一个很重要的问题。目前，多用离心机或硅藻土过滤系统对磨削液进行集中处理。

4. 磨削状态监测及数控技术

超高速磨削加工中，砂轮由于超高速引起的破碎现象时常发生。砂轮破碎及磨损状态的监测是关系磨削工作能否顺利进行的重要因素，也是保证加工质量和零件表面完整性的关键。在超高速加工中，砂轮与工件对刀的精度及砂轮与修整轮对刀的精度将直接影响工件的尺寸精度和砂轮的修整质量。因此，在超高速磨削加工中，在线智能监测系统是保证磨削加工质量和提高加工生产率的重要因素。此外，工件尺寸精度、形状精度、位置精度和加工表面质量的在线监控技术，高精度、高可靠性、实用性强的测试技术与仪器都是高速、超高速磨削必不可少的关键技术。

目前，声发射技术已成功用于超高速磨削的无损监测，它利用磨削过程中产生的各种声发射源局外发射弹性波，如砂轮与工件弹性接触、砂轮黏结剂破裂、砂轮磨粒与工件摩擦、工件表面裂纹和烧伤、砂轮与修整轮的接触等均可发射弹性波。这些和工件材料、磨削条件、砂轮表面的状态等因素都有着密切的关系。这些因素的改变必然会引起声发射信号的幅值、频谱等发生变化，可以通过监测声发射信号的变化来对磨削状态进行判别。

三、超高速加工技术的应用

（一）在航空航天领域的应用

减轻质量对于航空航天器有着极其重要的意义。其主要采取两个措施：①零部件尽可能采用铝合金、铝钛合金或纤维增强塑料等轻质材料；②把过去由几十个甚至几百个零件通过铆接或焊接连接起来的组合构件，用"整体制造法"合并成一个带有大量薄壁和细筋的复杂零件，即从一块实心的整体毛坯中切除和掏空 85% 以上的多余材料加工而成。用超高速加工来制造这类带有大量薄壁、细筋的复杂零件，材料切除速度高达 $100\sim180\mathrm{cm}^3/\mathrm{min}$，速度为常规加工速度的 3 倍以上，可大大压缩切削工时。例如某战斗机的一个大型薄壁构件，全长 3.35m，有的地方壁厚不到 1mm，这个构件原来由 500 多个零件组装而成，以前制造这个组合构件的生产周期是 3 个月，现在用一块整体毛坯，通过超高速加工来制造这个零件，生产周期不到 2 个星期。

航空和动力部门大量采用镍基合金（如 Inconel718）和钛合金（如 TiA16V4）来制造飞机和发动机零件。这些材料强度大、硬度高、耐冲击、加工中容易硬化、切削温度高、刀具磨损严重，是一类难加工材料，过去一般采用很低的切削用量，若采用超高速加工，切速可提高到 $10\sim100\mathrm{m}/\mathrm{min}$，为常规切速的 10 倍左右，不但可以大幅提高生产效率，而且可以有效减少刀具磨损，提高工件的表面质量。

（二）在汽车领域的应用

近年来，新建的汽车生产线多半采用由多台加工中心和数控机床组成的柔性生产线。它能适应产品不断更新的要求，但由于是单轴顺序加工，生产效率没有原来的多轴、多面、并行加工的组合机床自动线高。这又产生了"高柔性"和"高效率"之间的矛盾。超高速加工为这个矛盾的解决指出了一条根本的出路，即采用高速加工中心和其他高速数控机床组成高速柔性生产线。这种生产线集"高柔性"与"高效率"于一身，既能满足产品不断更新换代的要求，又有接近组合机床自动线的生产效率。这就打破了汽车生产中有关"经济规模"的传统观念，实现了多品种、中小批量的高效生产。

（三）在模具工业中的应用

目前，工业产品零件粗加工的 70%、精加工的 50% 及塑料零件的 90% 都是用模具来完成的，没有高质量的模具就没有高质量的产品。模具工业是衡量一个国家科技水平的重要指标之一。

由于模具大多由高硬度、耐磨损的合金材料经过热处理来制造，加工难度大。以往广泛采用电火花加工成型，而电火花是一种靠放电烧蚀的微切削加工方式，生产效率极低。用高速铣削代替电加工是加快模具开发速度并提高模具制造质量的一条崭新的途径。用高速铣削加工模具，不但可实现高转速、大进给，而且粗、精加工一次完成，极大地提高了模具的生产效率。采用高速切削加工淬硬钢模具，模具硬度可达 HRC60 以上，表面粗糙度 Ra 为 $0.64\mu m$，其达到了磨削的水平，效率比电加工高出好几倍，不仅节省了大量的修光时间，还可代替绝大部分电加工工序。模具型腔一般采用小直径球头铣刀进行高速硬铣削，要求机床的最高主轴转速高达 $2000 \sim 40000 r/min$，但进给速度要求不是特别高，一般 $v_{max} = 30 m/min$ 即可，机床必须有足够刚度，防止加工时发生颤振。

此外，超高速加工还可用于快速原型、光学精密零件和仪器仪表的加工等。

参考文献

[1] 周梅，陈清奎，赵文波．机械制造工艺［M］．成都：电子科学技术大学出版社，2020.

[2] 叶文华．机械制造工艺与装备［M］．北京：电子工业出版社，2020.

[3] 朱焕池，魏康民．机械制造工艺学［M］．北京：机械工业出版社，2020.

[4] 冒爱琴，程洋，许宁萍．机械制造工艺及夹具设计［M］．延吉：延边大学出版社，2020.

[5] 李潇．机械制造工艺与制图［M］．沈阳：辽宁大学出版社，2020.

[6] 杨丙乾．机械制造工艺及装备设计案例［M］．北京：化学工业出版社，2020.

[7] 熊良山．机械制造技术基础［M］．4版．武汉：华中科技大学出版社，2020.

[8] 关慧贞．机械制造装备设计［M］．5版．北京：机械工业出版社，2020.

[9] 万宏强．机械制造技术课程设计［M］．北京：机械工业出版社，2020.

[10] 董克权，张金铮．现代制造工艺及精密加工技术的应用研究［M］．延吉：延边大学出版社，2020.

[11] 朱华炳，田杰．制造技术工程训练［M］．2版．北京：机械工业出版社，2020.

[12] 王隆太．先进制造技术［M］．3版．北京：机械工业出版社，2020.

[13] 李红梅，刘红华．机械加工工艺与技术研究［M］．昆明：云南大学出版社，2020.

[14] 魏康民，南欢，卢文澈．机械制造工艺装备［M］．3版．重庆：重庆大学

出版社，2021.

[15] 喻洪平. 机械制造技术基础 [M]. 重庆：重庆大学出版社，2021.

[16] 黄健求，韩立发. 机械制造技术基础 [M]. 3版. 北京：机械工业出版社，2021.

[17] 刘俊义. 机械制造工程训练 [M]. 南京：南京东南大学出版社，2021.

[18] 张维合. 机械制造技术基础 [M]. 北京：北京理工大学出版社，2021.

[19] 吴拓. 机械制造工程 [M]. 4版. 北京：机械工业出版社，2021.

[20] 王红军，韩秋实. 机械制造技术基础 [M]. 4版. 北京：机械工业出版社，2021.

[21] 金晓华. 机械制造技术基础 [M]. 北京：机械工业出版社，2021.

[22] 夏重，蔡擎，张晓洪. 机械制造工程实训 [M]. 北京：机械工业出版社，2021.

[23] 黄力刚. 机械制造自动化及先进制造技术研究 [M]. 北京：中国原子能出版社，2022.

[24] 王均佩. 机械自动化与电气的创新研究 [M]. 长春：吉林科学技术出版社，2022.

[25] 陈艳芳，邹武，魏娜莎. 智能制造时代机械设计制造及其自动化技术研究 [M]. 北京：中国原子能出版社，2022.

[26] 单忠德，刘丰，孙启利. 绿色制造工艺与装备 [M]. 北京：机械工业出版社，2022.

[27] 李俊涛. 机械制造技术 [M]. 北京：北京理工大学出版社，2022.

[28] 李建松，许大华，毕永强. 机械制造技术 [M]. 北京：机械工业出版社，2022.

[29] 马瑞，张宏力，卢丽俊. 机械制造与技术应用 [M]. 长春：吉林科学技术出版社，2022.

[30] 李占君，王霞. 现代机械制造技术及其应用研究 [M]. 长春：吉林科学技术出版社，2022.

［31］ 陈本锋．机械制造与创新设计［M］．成都：西南交通大学出版社，2023.

［32］ 张善文，李益民，葛正辉．机械制造技术［M］．北京：机械工业出版社，2023.

［33］ 戴庆辉，张根保．先进制造系统［M］．北京：机械工业出版社，2023.

［34］ 邹青，呼咏，贺秋伟．机械制造技术基础课程设计指导教程［M］．北京：机械工业出版社，2023.